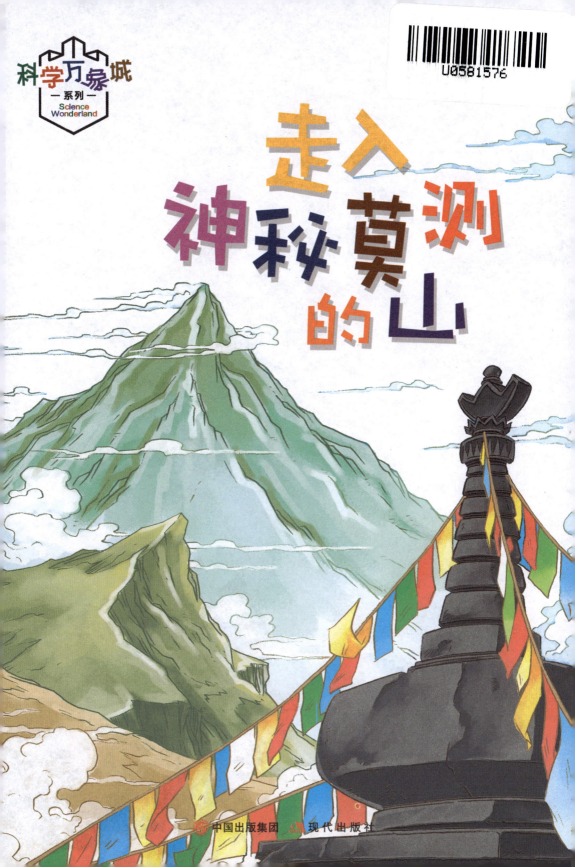

山的概述　6

山峰　8

山脉　8

山系　9

山口　10

山顶和山脊　10

山坡　11

环形山　12

山麓　12

火山　13

冰山　14

目 录

世界著名山脉　16

安第斯山脉　16

阿尔卑斯山脉　23

大分水岭　30

昆仑山脉　32

阿特拉斯山脉　38

喜马拉雅山脉　42

阿尔泰山脉　48

祁连山脉　53

秦岭　58

念青唐古拉山脉　62

七大洲的最高峰　66

　　赤道雪峰——乞力马扎罗山　67

　　火山之子——厄尔布鲁士峰　72

　　冰极之巅——文森峰　75

　　胜利之峰——查亚峰　77

　　巨人瞭望台——阿空加瓜山　78

　　太阳之家——麦金利山　79

　　世界之巅——珠穆朗玛峰　82

中国名山　86

　　中国五岳名山　88

　　中国四大佛教名山　90

　　中国四大道教名山　96

高山生物　98

　　世界最大的高山植物分布区　99

　　生长在没有天气预报的高山冻原上的植物　102

　　安第斯山脉的动植物　107

　　阿尔卑斯山的动植物　109

　　乞力马扎罗山的自然资源　110

高山文化　112

　　仍然生活在大山中的土著人　113

　　安第斯山脉上的"印加帝国"　116

　　昆仑文明　118

　　阿特拉斯山脉的居民　120

　　八百里秦川　122

　　坦桑骄傲——乞力马扎罗山　126

目　录

山的概述

山是地壳上升地区经受河流切割而形成的，一般指高度较大、坡度较陡的高地。自上而下分为山顶、山坡和山麓三部分。山按高度可分为高山、中山和低山，一般认为高山指山岳主峰的相对高度超过1000米的山，中山指其主峰相对高度在350米～1000米的山，低山指主峰相对高度在150米～350米的山。如主峰相对高度低于150米，就难以形成山岳景观，只能称为丘陵岗地了。

山峰 〉

山峰一般指尖状山顶，并有一定高度，多为岩石构成，是山脉中突出的部位。也有断层、褶皱或铲状、垂直节理控制的结果，还有的是火山锥。当两个板块相互挤压时，凸出的叫作背斜，凹下的叫向斜。一般背斜成山，向斜成谷。有时背斜土质酥松，容易被侵蚀变为山谷或者盆地，而向斜变成了山峰。如喜马拉雅山是山脉，它的最高山峰是珠穆朗玛峰。

山脉 〉

山脉指呈线状延伸的山地，沿一定方向延伸，包括若干条山岭和山谷组成的山体，因像脉状而称之为山脉。构成山的山岭称为主脉，从主脉延伸出去的山岭称为支脉。几个相邻山脉可以组成一个山系网。

山脉按照其形成的方式可分为以下四种类型：

褶皱山：两个板块相互推挤，地壳弯曲变形而形成的山脉；火山：岩浆从地壳深处喷发出来形成火山，喷射出

8

的熔岩、火山灰和岩块形成高高的火山锥；断层山：地球板块互相碰撞，使地壳出现断层或裂缝，巨大岩块受挤上升，形成断层山；冠状山：地壳下的岩浆往上涌，使地球表层的岩石向上隆起，形成冠状山。

地球上的高大山脉都是褶皱山脉，它们是由于大陆边缘受到挤压或大陆板块互相碰撞而形成的。断层山则不太引人注意，它们是由断裂活动造成的。在褶皱山区或断层山区都可能形成火山。

山系 〉

山系是有成因联系并按一定方向延伸的，规模巨大的一组山脉的综合体，多分布于构造带、火山、地震带上，如亚太地区环太平洋的纵向山系，横贯亚洲、欧洲、非洲的横向山系。它们都是受地球内部应力场控制，是大地构造作用的产物。

山系是由山岭和其间的谷地组合而成的山脉延伸出的很长的山体。山脉的延伸方向，叫作山脉的走向。山脉的走向取决于引起构造变形的应力的作用方向。较大的山脉连绵数十千米，甚至几千千米。例如，安第斯山长达8900余千米，是世界上最长的山脉。山脉是地形的骨架，影响着江河的流向，甚至气候的变化。目前地表巨大的山脉多分布在近期造山运动形成的褶皱带上，如环太平洋带和沿地中海带。 世界上最大的山系是贯穿北美、南美洲的科迪勒拉山系。

9

山口 〉

山口指高大山脊的相对低凹部分，又称"垭口"或"山鞍"。通常认为，山口是山脊两边的河流溯源侵蚀切穿分水岭的结果，也可能是断层线穿越的地区，或由于岩性软弱、差别侵蚀的结果。山口经常成为通过高大山岭的交通要道。如燕山山脉中的古北口就是连系华北与东北的重要山口。

山顶和山脊 〉

指山或山岳最高的部分。山顶呈长条状延伸的叫山脊。山脊最高点的连线称山脊线，常构成河流的分水岭。山顶或山脊的形态很复杂，一般可分为尖山顶（尖山脊）、圆山顶（圆山脊）和平山顶（平山脊），在地形图上一般比较主要的山顶注有高程和表示凸起或凹入的示坡线。造成山顶各种形态的主要因素是岩性、构造、外力地质作用的性质和强度，以及山岳地区发展的历史。

山坡 〉

山坡是构成山地三大要素之一，介于山顶与山麓之间的部分，是山地最重要的组成部分。因为山坡分布的面积广泛，因此山坡地形的改造变化是山地地形变化的主要部分，例如许多现代地貌过程大都在山坡上发生；同时山坡地形往往记录并反映了整个山地的演化历史和新构造的性质。山坡的形态是复杂的，有直形、凹形、凸形、S形，较多的是阶梯形。各种形态山坡的形成，除受到新构造运动及外力地质作用的性质和强度控制外，还决定于组成山坡的岩性和构造。

环形山 〉

关于月球上环形山的形成，比较科学的解释有两种：

其一，月球形成不久，月球内部的高热熔岩与气体冲破表层，喷射而出，就像地球上的火山喷发一样。刚开始时它们威力较强，熔岩喷得又高又远，堆积在喷口外部，形成了环形山。后来喷射威力逐渐减小，喷射出的熔岩只堆积在中央底部，形成了小山峰，就是环形山中的中央峰。有的喷射熄灭较早，或没有再次喷射，就没有中央峰。

其二，流星体撞击月球。1972年5月13日有一颗大的陨星体在月面上撞成一个有足球场那么大的陨石坑。撞击时引起的月震，被放置在月面的4个月震仪记录下来。主张陨石撞击的人认为，在距今约30亿年前，空间的陨星体很多，月球正处于半熔融状态。巨大的陨星撞击月面时，在其四周溅出岩石与土壤，形成了一圈一圈的环形山。又由于月球表面上没有风雨的洗刷与猛烈的地质构造活动，所以当初形成的环形山就一直保留下来了。

山麓 〉

山坡和周围平地相接的部分为山麓。这个地形转折线常常是一个过渡的地带，山麓常为厚层的松散沉积物所覆盖，被称为山麓带。在不同的气候条件下，山麓带的特点也不同。例如，在高寒地带，山麓往往为滚石或冰雪所覆盖，景象荒寒。在温带，山麓带或泉水露头，溪流汇集；或田畴梯布，植被繁茂。山麓带从上到下，松散堆积物逐渐加厚，根据堆积物各层的成分、结构、时代、成因就能推断出山岳的历史。

火山 〉

　　火山是炽热地心的窗口，是地球上最具爆发性的力量，是岩浆活动穿过地壳，到达地面或伴随有水气和灰渣喷出地表，形成特殊结构和锥状形态的山体。地壳之下100千米～150千米处，有一个"液态区"，区内存在着高温、高压下含气体挥发成分的熔融状硅酸盐物质，即岩浆。它一旦从地壳薄弱的地段冲出地表，就形成了火山。火山爆发时能喷出多种物质。

　　古罗马时期，人们看见火山喷发的现象，便把这种山在燃烧的原因归之为火神武尔卡诺发怒。意大利南部地中海利帕里群岛中的武尔卡诺火山便由此而得名，同时也成为火山一词的英文名称——volcano。

　　在地球上已知的"死火山"约有2000座；已发现的"活火山"共有523座，其中陆地上有455座，海底火山有68座。火山在地球上分布是不均匀的，它们都出现在地壳中的断裂带。就世界范围而言，火山主要集中在环太平洋一带和印度尼西亚向北经缅甸、喜马拉雅山脉、中亚、西亚到地中海一带，现今地球上的活火山99%都分布在这两个带上。

13

冰山 >

在冰川或冰盖（架）与大海相会的地方，冰与海水的相互运动，使冰川或冰盖末端断裂入海成为冰山。还有一种冰川伸入海水中，上部融化或蒸发快，使其变成水下冰架，断裂后再浮出水面。大多数南极冰山是当南极大陆冰盖向海面方向变薄并突出到大洋里成为一前沿达数百千米长的巨大冰架，逐渐断裂开来而形成的。北冰洋的冰山高可达数十米，长可达一二百米，形状多样。

南极冰山一般呈平板状，同北冰洋冰山相比，不仅数量多，而且体积巨大。长度超过8千米的冰山并不少见，有些甚至高达数百米。已知世界最大的冰山是B15冰山，2000年3月，它从南极罗斯冰架上崩裂下来。它的面积达到1.1万平方千米，只比北京市的面积略小。冰山冰的平均年龄都在5000年以上，冰山是极为宝贵的淡水资源，可惜目前人类还没有办法利用它们。

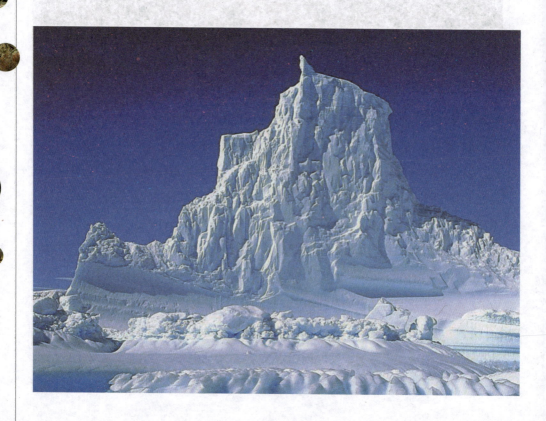

　　"冰山"主要指动漫中的人物面部表情冷漠，且给人的感觉冷静沉着。例如：《名侦探柯南》里的灰原哀，《爱丽丝学园》里的今井萤、日向枣，《犬夜叉》里的桔梗、杀生丸，《死神》里的朽木白哉、乌尔奇奥拉，《网球王子》里的手冢国光、真田弦一郎，《火影忍者》里的日向宁次、宇智波鼬。

● 世界著名山脉

由于地球纬度、海陆分布和地形等地带性和非地带性原因的影响，地球产生了许多奇特的、令人叹为观止的山脉奇景。它们巍峨挺拔，气势磅礴。山好似一位伟大的哲人，包藏着满腹经纶，却总是默默无言。如果人类能读懂大山的语言，就如同找到了一本解释大自然所有词汇的活字典。

安第斯山脉 〉

安第斯山脉属于科迪勒拉山系，从北到南全长8900余千米，是世界上最长的山脉，纵贯南美大陆西部，素有"南美洲脊梁"之称。山脉有许多海拔6000米以上、山顶终年积雪的高峰，且山区矿产资源丰富。

⊠ 世界上最长的山脉

安第斯山脉几乎是喜马拉雅山脉的3.5倍，属美洲科迪勒拉山系，是科迪勒拉山系主干。南美洲西部山脉大多相互平行，并同海岸走向一致，纵贯南美大陆西部，大体上与太平洋岸平行，其北段支脉沿加勒比海岸伸入特立尼达岛，南段伸至火地岛。贯穿委内瑞拉、哥伦比亚、厄瓜多尔、秘鲁、玻利维亚、智利和阿根廷7国，全长8900余千米。一般宽约300千米，最宽处在阿里卡至圣克鲁斯之间，宽约750千米。

⊠ 地理位置及构成

安第斯山脉属科迪勒拉山系，从智利的最南端合恩角，穿越阿根廷、玻利维亚、秘鲁、厄瓜多尔和哥伦比亚。在委内瑞拉，安第斯山脉分成3个不同的山脉，其中一条山脉一直延伸到太平洋海岸。安第斯山系从南到北分为3大部分：南安第斯，包括火地岛和巴塔哥尼亚科迪勒拉；中安第斯，包括智利和秘鲁科迪勒拉；北安第斯，包括厄瓜多尔、哥伦比亚和委内瑞拉（加勒比）科迪勒拉。

南段：南段安第斯山，从智利一直延伸到巴塔哥尼亚海岸。这一段有相当多的活火山。山脉高度和宽度逐渐减缩，东、西科迪勒拉合二为一。由于纵横断层交错，加上第四纪冰川和流水的侵蚀作用，山地显示分割破碎的形态，普遍具有阿尔卑斯型地貌特征。

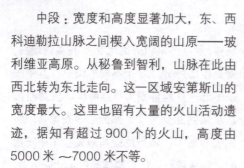

中段：宽度和高度显著加大，东、西科迪勒拉山脉之间楔入宽阔的山原——玻利维亚高原。从秘鲁到智利，山脉在此由西北转为东北走向。这一区域安第斯山的宽度最大。这里也留有大量的火山活动遗迹，据知有超过 900 个的火山，高度由 5000 米～7000 米不等。

北段：山脉成条状分支，隔以广谷和低地。各条山脉多代表背斜构造，经受侵蚀，轴部露出花岗岩、片麻岩等结晶岩，两翼则残留着白垩纪、第三纪砂岩和石灰岩。位于哥伦比亚，朝北向东延伸，最后和加勒比岛的岛弧相连。

⊠ 地形地势

整个山脉的平均海拔约 3660 米。许多高峰终年积雪，海拔超过 6000 米，由一系列平行山脉和横断山体组成，间有高原和谷地。海拔超过 6000 米的高峰有 50 多座，其中阿空加瓜山海拔 6962 米左右，为西半球的最高峰。是世界上最高的火山，也是最高的死火山。

安第斯山脉在地质上属年轻的褶皱山

系，地形复杂。南段低狭单一，山体破碎，冰川发达，多冰川湖；中段高度最高，夹有宽广的山间高原和深谷，是印加人文化的发祥地；北段山脉条状分支，间有广谷和低地。多火山，地震频繁。安第斯山脉中的哥多伯西峰是世界最高的活火山之一，海拔约 5897 米，南美洲重要河流的发源地。

安第斯山脉不是由众多高大的山峰沿一条单线组成，而是由许多连续不断的平行山脉和横断山脉组成的，其间有许多高原和洼地，分别称为东科迪勒拉和西科迪勒拉。东、西山脉界线分明，勾勒出了该山系的主体特征。东、西科迪勒拉总的方向是南北走向，但东科迪勒拉有几处向东凸出，形成形似半岛的孤立山脉，或像位于阿根廷、智利、玻利维亚和秘鲁毗连地区的阿尔蒂普拉诺那样的山间高原。

☒ 屏障作用

安第斯山脉从南美洲的南端到最北面的加勒比海岸绵亘形成一道长长的屏障。安第斯山脉将狭窄的西海岸地区同大陆的其余部分分开，这是地球重要的地形特征之一，它对山脉本身及其周围地区的生存条件产生深刻的影响。

☒ 地质历史

安第斯山系是基于早期地质活动的新生代期间地球板块运动的结果。地质上属年轻的褶皱山系，形成于白垩纪末至第三纪阿尔卑斯运动，历经多次褶皱、抬升以及断裂、岩浆侵入和火山活动，地壳活动仍在继续，为环太平洋火山、地震带的一部分。

其中尤耶亚科火山海拔6723米，是世界最高的活火山之一。南美洲多火山，它们主要分布在安第斯山，这里共有40多座活火山。

组成科迪勒拉的岩石如今的年龄古老，最开始是亚马孙坚稳地块（或巴西地盾）受侵蚀的沉积物约于4.5亿～2.5亿年前淤积在坚稳地块的西侧，这些淤积物的重力使地壳下陷，产生的压力和热量又使淤积物成为更耐久的岩石。因此，砂岩、粉砂岩和石灰岩分别变成石英岩、页岩和大理石。

约2.5亿年前，组成地球大陆块的地壳板块结合成超级大陆——盘古大陆。后来盘古大陆及其南部贡德瓦纳古陆发生分裂，板块向外分散，便形成现在的几个大陆。南美洲大陆板块与纳斯卡大洋板块互相碰撞或会合，产生造山运动，因而形成安第斯山脉。

约1.7亿年以前，南美洲板块随着东面大西洋展开而向西漂移；纳斯卡大洋板块的东缘受到南美洲大陆板块西缘的压力，纳斯卡板块潜没，这种复杂的地质基质开始向上隆起。这种潜没—隆起的过程伴随着来自地幔的大量岩浆的侵入，先是形成了南美洲大陆板块西部边缘的火山弧，后又将炽热的熔岩喷射到四周大陆的岩石中。这后一过程产生大量的岩脉和矿脉，其中含有具有经济价值、丰富的矿物，这

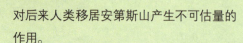
对后来人类移居安第斯山产生不可估量的作用。

这种活动的强度在新生代期间——特别是在1500万～600万年前进一步加强，于是出现了今天科迪勒拉山的外形。最后形成的山系垂直差极大，从太平洋海岸外的秘鲁—智利（阿塔卡马）海沟的底部，到与之水平距离不足322千米的高山岭之间的高度差达12000米以上。形成安第斯山脉的地壳运动迄今尚未结束，作为通常称之为"火环"的更大的环太平洋火山系的一部分，安第斯山系现在仍处在火山活动期，容易发生破坏性的地震。

⊠ 土壤特点

一般来说，安第斯山脉的土壤比较年轻，由于山势陡峭而易受风雨的严重侵蚀。

在火地岛和巴塔哥尼亚安第斯南部难以形成土壤，冰河和强风作用使许多地方只剩下几乎裸露的岩石。已发现的泥炭沼、灰壤和草地土壤都有厚层的腐殖质，排水很差。湖泊地区有火山土壤，富含有机物，便于排水。南纬45°以北，在海拔较高的地区土壤直接由岩石风化而成，较低的地区土壤呈棕红色，并掺有砾石和石英，侵蚀严重。南纬37°以北，阿塔卡马沙漠被受到严重侵蚀的沙漠土壤覆盖，缺乏水分和有机物，矿物盐的含量却很高。这类土壤分布在沿西科迪勒拉至秘鲁北部一带。

从玻利维亚到哥伦比亚，高原和东科迪勒拉东侧土壤的性

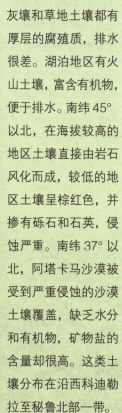

质与高度密切相关。在安第斯荒野高原上，发育初期的土壤呈黑色，含有有机物。在1829 米～3658 米的高度上，盆地底部和缓坡上有棕色、红色和黑色的土壤。在排水较差的地方，土壤有一层渗透性的沙土层，比较肥沃，这类土壤对玻利维亚、秘鲁和厄瓜多尔具有重要的经济价值。哥伦比亚的稀树草原土壤呈棕灰色，有一层深度不同的不渗水的黏土层。

高海拔的土壤稀薄多石。从东科迪勒拉东侧，向下直到亚马孙河流域，稀薄、发育不良的潮湿土壤受到严重的侵蚀。湖泊和潟湖的附近为隐域性土壤，包括腐殖黏土和碱性土。从智利至厄瓜多尔的西科迪勒拉，由火山灰形成的土壤亦属此类。

大部分安第斯地块的土壤为泛域土——冲积土和混有未经充分风化的碎石片的浅层土壤。在哥伦比亚，布满沙质棕黄色泛域土的山坡和狭谷，是大咖啡种植园的基地。

◻ 气候复杂

一般来说，从火地岛向北至赤道，温度逐渐上升，但高度、临海、降雨、秘鲁寒流以及地形风障等因素使气候变得多种多样。科迪勒拉的外坡（面向太平洋或亚马孙河流域的山坡）与内坡的气候有颇大的差别，这是因为外坡受到大洋或亚马孙河流域的影响。永久性的雪线的高度也有很大的变化，在麦哲伦海峡为792 米，到南纬27° 上升为6096 米，之后开始下降，到哥伦比亚安第斯山脉为4572 米。与世界其他山区一样，由于方位、纬度、昼长和迎风面及其他因素相互作用，产生各种不同的小气候。特别是秘鲁，因为小气候众多，是世界上自然环境最复杂的地区之一。

温度随高度不同也有很大的变化。例如，在秘鲁和厄瓜多尔安第斯山1494 米以下为热带气候；向上至2499 米为亚热带气候，昼间炎热，夜间温暖；2499 米～3505 米昼间气候温和，昼夜温差大，安第斯山脉的这一区域气候最为宜人；3505 米～4511 米气候寒冷，昼夜间、晴天与阴天的温差很大，夜间温度在冰点以下；4115 米～4785 米为荒野高原气候，温度经常在冰点以下；在4785 米以上的山顶和山脊为极地严寒气候，寒风刺骨。

降水量变化也很大。南纬38° 以南年降水量超过508 毫米，往北降水量减少，并有明显的季节性。再往北到玻利维亚的阿尔蒂普拉诺高原、秘鲁高原、厄瓜多尔的谷地和哥伦比亚的稀树草原，降雨适中，但雨量悬殊很大；在秘鲁西科迪勒拉的西侧降雨量很小，在厄瓜多尔和哥伦比亚降雨量有所增加，在东科迪勒拉的东侧（亚马孙河流域一侧）经常下大雨，并有季节性。

◻ 自然资源

安第斯山区的主要矿藏有有色金属、石油、硝石、硫黄等。有色金属丰富与第三纪、第四纪火山活动和岩浆侵入有关，

21

特别是以矿脉和岩脉形式侵入到上层的岩浆体，如安山岩、闪长岩、玢岩等。最突出的是铜矿，矿区从秘鲁南部直至智利中部，为世界最大的斑岩型铜矿床的一部分。世界最大的地下铜矿采矿场就在此山脉中，在地底深达1200米，采矿坑道总长2000多千米。石油主要分布在安第斯山北段的山间构造谷地或盆地中。

安第斯山是世界上最重要的矿区之一，主要矿物有：智利和秘鲁的铜，玻利维亚的锡和铋，玻利维亚和秘鲁的银、铅和锌，秘鲁、厄瓜多尔和哥伦比亚的金，哥伦比亚的铂和祖母绿，玻利维亚的铋，秘鲁的钒以及智利、秘鲁和哥伦比亚的煤和铁。广阔的石油矿床分布在整个安第斯山脉的东侧。

阿尔卑斯山脉 〉

　　阿尔卑斯山是欧洲中南部大山脉，覆盖了意大利北部边界、法国东南部、瑞士、列支敦士登、奥地利、德国南部及斯洛文尼亚。该山系自北非阿特拉斯延伸，穿过南欧和南亚，直到喜马拉雅山脉，从亚热带地中海海岸法国的尼斯附近向北延伸至日内瓦湖，然后再向东北伸展至多瑙河上的维也纳。欧洲许多大河都发源于此，水力资源丰富，为旅游、度假、疗养胜地。

⊠ 地理位置

　　这座耸立在欧洲南部的著名山脉，西起法国东南部的尼斯附近地中海海岸，呈弧形向北、东延伸，经意大利北部、瑞士南部、列支敦士登、德国西南部，东止奥地利的维也纳盆地。总面积约 22 万平方千米，长约 1200 千米、宽 120 米 ～200 千米，东宽西窄，平均海拔 3000 米左右。

　　山脉主干向西南方向延伸为比利牛斯山脉，向南延伸为亚平宁山脉，向东南方向延伸为迪纳拉山脉，向东延伸为喀尔巴阡山脉。

　　阿尔卑斯山脉遍及下列 6 个国家的部

23

分地区：法国、意大利、瑞士、德国、奥地利和斯洛文尼亚。仅有瑞士和奥地利可算作是真正的阿尔卑斯型国家。

虽然阿尔卑斯山脉并不像其他第三纪时期隆起的山脉，如喜马拉雅山脉、安第斯山脉和落基山脉等那样高大，然而它对说明重大地理现象却很重要。阿尔卑斯山脊将欧洲隔离成几个区域，是许多欧洲大河（如隆河、莱茵河和波河）和多瑙河许多支流的发源地。从阿尔卑斯山脉流出的水最终注入北海、地中海、亚得里亚海和黑海。由于其弧一般的形状，阿尔卑斯山脉将欧洲西海岸的海洋性气候带与法国、意大利和西巴尔干诸国的地中海地区隔开。

⊠ 地质地貌形成历史

阿尔卑斯山脉是古地中海的一部分。早在1.8亿年前，由于板块运动，北大西洋扩张，南面的非洲板块向北面推进，古地中海下面的岩层受到挤压弯曲，向上拱起，由此造成的非洲和欧洲间相对运动形成的阿尔卑斯山系，其构造既年轻又复杂。阿尔卑斯造山运动时形成一种褶皱与断层相结合的大型构造推覆体，使一些巨大岩体被掀起移动数十千米，覆盖在其他岩体之上，形成了大型水平状的平卧褶皱。西阿尔卑斯山是这种推覆体构造的典型。

更新世时阿尔卑斯山脉是欧洲

最大的山地冰川中心。山区被厚达1千米的冰盖所覆盖，除少数高峰突出冰面构成岛状山峰外，各种类型冰川地貌都很突出，冰蚀地貌尤其典型，许多山峰岩石嶙峋、角锋尖锐、挺拔峻峭，并有许多冰蚀崖、U形谷、冰斗、悬谷、冰蚀湖等以及冰碛地貌广泛分布。现在还有1000多条现代冰川，总面积约4000平方千米，其中以中阿尔卑斯山麓瑞士西南的阿莱奇冰川最大，长约22.5千米，面积约130平方千米。

阿尔卑斯山除了主山系外，还有4条支脉伸向中、南欧各地：向西一条伸进伊比利亚半岛，称为比利牛斯山脉；向南一条为亚平宁山脉，它构成了亚平宁半岛的主脊；东南一条称迪纳拉山脉，它纵贯整个巴尔干半岛的西侧，并伸入地中海，经克里特岛和塞浦路斯岛直抵小亚细亚半岛；东北一条称喀尔巴阡山脉，它在东欧平原的南侧一连拐了两个大弯然后自保加利亚直临黑海之滨。

▣ 地质特点

阿尔卑斯山脉是阿尔卑斯造山运动期间涌现出来的，阿尔卑斯造山运动约在中生代结束前的 7000 万年前开始的。在中生代期间（2.45 亿 ～6640 万年前），河水将被侵蚀的物质冲刷并沉积在被称为特提斯海的广阔洋底，并在这里缓慢变成由石灰岩、黏土、页岩和沙岩组成的水平岩层。

在第三纪中期（约 4400 万年前），非洲构造板块向北移动，与欧亚构造板块碰撞，那些早先沉入特提斯海的深层岩石被挤压向结晶体的基岩及其周围而形成褶皱，这些深层岩石随同基岩升高至接近今日喜马拉雅山脉的高度。这些构造运动持续到 900 万年前才停止。在整个第四纪期间，侵蚀的力量啃咬着这庞大的、新近形成褶皱而被推挤上来的山脉，形成了今日阿尔卑斯山脉地形的大概轮廓。

在第四纪期间，地形进一步被阿尔卑斯冰川作用和被填满山谷并溢向平原而不断伸展的冰舌塑造成形。如同圆形露天剧场似的凹地，宛如薄刀刨削过的刃岭，诸如马特峰、大格洛克纳山之类的巍峨山峰，皆从山顶上耸起形成；山谷被扩阔并加深成为一般的 U 字形，大瀑布从高出主谷底

部数百尺（1尺≈ 0.333 米）的一些悬谷喷泻而出；修长而深不可测的湖泊给许多坚冰刨削后的山谷注满了水；融化的冰川沉积了大量的沙砾。

当冰离开山谷时，无论是对横向山谷或 Z 字形山谷都是重新向下切削。迄今所有的河谷皆已被侵蚀成海拔大大低于周围的高山。在勃朗峰附近的阿尔沃河的河谷中，地形凹凸的差异达 3993 米以上。

山脉划分

在阿尔卑斯山脉范围内，各地的高度和形态大不相同：有主山脉周围低洼的前阿尔卑斯形成褶皱的沉积物，也有内阿尔卑斯结晶体地块。从地中海到维也纳，阿尔卑斯山脉可分为西段、中段和东段。

西段：西阿尔卑斯山，从地中海岸，经法国东南部和意大利的西北部，到瑞士边境的大圣伯纳德山口附近，为山系最窄部分，也是高峰最集中的山段。在蓝天映衬下洁白如银的勃朗（"勃朗"在法语中是白的意思）峰（约 4810 米）是整个山脉的最高点，位于法国和意大利边界。中段：中阿尔卑斯山，介于大圣伯纳德山口和博登湖之间，宽度最大。有马特峰（约 4479 米）和蒙特罗莎峰（约 4634 米）。东段：东阿尔卑斯山，在博登湖以东，海拔低于西、中两段阿尔卑斯山。

☒ 气候特点

　　阿尔卑斯山脉的气候成为中欧温带大陆性气候和南欧亚热带气候的分界线。山地气候冬凉夏暖。大致每升高 200 米，温度下降 1℃，在海拔 2000 米处年平均气温为 0℃。整个阿尔卑斯山湿度很大，年降水量一般约为 1200 毫米 ～2000 毫米。海拔 3000 米左右为最大降水带。边缘地区年降水量和山脉内部年降水量差异很大。海拔 3200 米以上为终年积雪区。阿尔卑斯山区常有焚风出现，引起冰雪迅速融化或雪崩而造成灾害。

　　阿尔卑斯山脉是欧洲许多河流的发源地和分水岭。多瑙河、莱茵河、波河、罗讷河都发源于此。山地河流上游，水流湍

急，水力资源丰富，有利于发电。此外，此地栖息着各种动植物，代表性动物有阿尔卑斯大角山羊、山兔、雷鸟、小羚羊和土拨鼠等。

　　阿尔卑斯山脉所处的位置，以及各山脉的海拔和方位的较大差异，不仅使这些不同的小山脉之间，而且使某一特定小山脉范围内的气候极端不同。由于阿尔卑斯山脉地处欧洲中部，它受到四大气候因素的影响：从西方流来大西洋比较温和的潮湿空气；从北欧下移有凉爽或寒冷的极地空气；大陆性气团控制着东部，冬季干冷、夏季炎热；南边有温暖的地中海空气向北流动。差别悬殊的气温和年降水量都与阿尔卑斯山脉的自然地理有关。谷底之所以特别引人注目，是因为谷底较周围高地温暖而干燥。海拔1524米以上的地方，冬季降水差不多全都是雪，一般雪深3米～10米或10米以上。在海拔2012米处附近，积雪约从11月中旬延续到5月底，通常高山的山口被积雪封锁。在地中海沿岸的山中，谷底的1月平均温度为–5℃～4℃，7月平均温度为15℃～24℃。温度逆增很寻常，尤其在秋、冬季期间；山谷常常是一连好几天布满了浓雾和呆滞沉闷的空气。这些时候，在海拔1006米以上的地方可能要比低洼的谷底较温暖、较阳光明媚。刮风可能在当天天气和当地小气候中发挥明显的作用。

阿尔卑斯山的旅游资源

阿尔卑斯山的景色十分迷人，是世界著名的风景区和旅游胜地，被世人称为"大自然的宫殿"和"真正的地貌陈列馆"。这里还是冰雪运动的胜地，探险者的乐园。阿尔卑斯山以其挺拔壮丽装点着欧洲大陆，它是欧洲最大的山地冰川中心，山区覆盖着厚达1千米的冰盖。各种类型冰川地貌都很突出，冰蚀地貌尤为典型。只有少数高峰突出冰面构成岛状山峰。山地冰川呈现一派极地风光，是登山、滑雪、旅游胜地。阿尔卑斯山地冰川作用形成许多湖泊，最大的湖泊有莱芒湖，另外还有四森林州湖、苏黎世湖、博登湖、马焦雷湖和科莫湖等。美丽的湖区是旅游的胜地。另外，阿尔卑斯山也是每年环法自行车赛的必经之地，每年有大批游客被吸引过来，一边欣赏阿尔卑斯山的美景，一边现场观看环法自行车赛，站在路边给运动员加油助威。

大分水岭 〉

大分水岭是澳大利亚东部新南威尔士州以北山脉和高原的总称，位于新南威尔士州以北，与海岸线大致平行，自约克角半岛至维多利亚州，由北向南绵延约3000千米，宽约160千米～320千米，海拔约800米～1000米，其中最高峰科修斯科山海拔2230米，是大洋洲的最高点。山脉东坡较陡，降水丰富，气候湿润；西坡较缓，处于背风位置，气候干旱。它是澳大利亚大陆太平洋水系和印度洋水系的分水岭，其北部地处热带气候区，中部地处副热带气候区，南部地处温带气候区。这座绵长的大山系像一座天然屏障，挡住了太平洋吹来的暖湿空气，因此山地东西两坡的降水量差别很大，生长的植物也迥然不同。东坡地势较陡，沿海有狭长平原，降水充分，生长着各种类型的森林；西坡地势缓斜，向西逐渐展开为中部平原，这里降水较少，长年干旱，呈现一片草原与矮小灌丛的景象。

⊠ 雨影效应

山脉高峻能阻隔季风，形成雨影效应，即在迎风坡一面降水增多，背风坡降水较少。雨影效应的典型代表就是澳大利亚的大分水岭的东西两侧不同的降水量。大分水岭的东面是悉尼和墨尔本，这里气候湿润宜人，降水量很高。而西面就是澳大利亚的沙漠了，这里的降水量不多，当然这也有洋流的影响。

⊠ 旅游胜地

　　大分水岭南段悉尼西郊的蓝山是一处著名的观光胜地。大分水岭的主峰科休斯科峰又称大雪山，这里有一处巨大的水利工程，被称为世界奇迹之一。大雪山水利工程就是建筑大小水坝，控制融化的雪水。

⊠ 资源利用

　　大分水岭一带蕴藏着丰富的水力资源。当地政府在这里建造了一些大型水利工程。在大雪山水利工程的施工范围内共有 16 座大小水坝、7 所水利发电厂，开创了人类变荒漠为绿洲的奇迹。

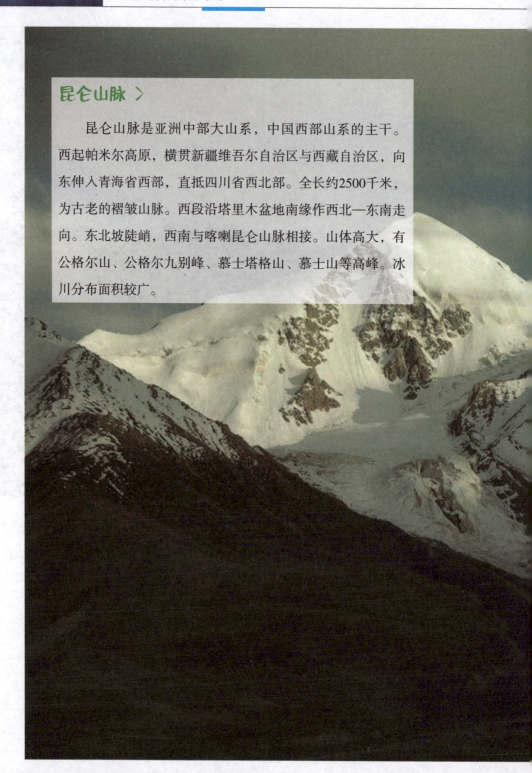

昆仑山脉 〉

　　昆仑山脉是亚洲中部大山系，中国西部山系的主干。西起帕米尔高原，横贯新疆维吾尔自治区与西藏自治区，向东伸入青海省西部，直抵四川省西北部。全长约2500千米，为古老的褶皱山脉。西段沿塔里木盆地南缘作西北—东南走向。东北坡陡峭，西南与喀喇昆仑山脉相接。山体高大，有公格尔山、公格尔九别峰、慕士塔格山、慕士山等高峰。冰川分布面积较广。

⊠ 地质特征

昆仑山脉与塔里木盆地和柴达木盆地间均以深大断裂相隔。昆仑山地区以前震旦系为基底；古生代时为强烈下沉的海域，并伴有火山活动，古生代末期经华力西运动褶皱上升，构成昆仑中轴和山脉的中脊；中生代产生凹陷，经燕山运动构成主脊两侧 4000 米以上的山体。

昆仑山脉的新构造运动极其剧烈，晚第三纪以来上升大约 4000 米～5000 米；叶尔羌凹陷中的砾石层厚度约 2500 余米，河谷高阶地上则分布有第四纪火山凝灰岩和火山角砾岩；克里雅河与安迪尔河的上游均保存有中更新世玄武岩流与火山口。1951 年在于田县境昆仑山中的卡尔达西火山群的一号火山曾爆发，并伴有现代火山泥石流。东部昆仑山第四纪以来上升了 2800 余米，其相关沉积物在柴达木盆地中的埋藏深度达 2800 米左右。昆仑山的新构造运动具间歇性，叶尔羌河、喀拉喀什河、尼雅河均形成 4～5 级阶地；各河出山口形成 4～5 级叠置的冲积扇。

昆仑泉

位于昆仑河北岸著名的小镇纳赤台正中，海拔约 3700 米，是一泓优良的天然矿泉，被视为昆仑奇观。纳赤喷泉，一大一小，相距 50 米，大泉在青藏公路路边，泉眼周围用块石砌成外圆内八角形、高 1 米的泉台，泉口直径 1.6 米，泉眼水深 1 米，旁边有一出口。昆仑泉泉水很旺，日夜不停地向外喷涌，不时翻起层层小浪花，并发出响声。全年水温恒定为 20℃。泉池四周由花岗石板砌成多边形图案，中央一股清泉从池底喷涌而出，形成晶莹透明的蘑菇状，将无数片碧玉般的花瓣抛向四周，似一朵盛开的莲花，又似无声四溅的碎玉落入一泓清池，然后奔向滔滔的昆仑河。

文成公主与昆仑泉

至今在纳赤喷泉还流传着当年文成公主进藏时在此歇息的传说。相传，文成公主远嫁吐蕃时，随行队伍抬了一尊巨大的释迦牟尼佛像。当公主一行来到昆仑山下的纳赤台时，由于山高路遥，人马累得精疲力尽。于是，公主命令大队人马就地歇息。当夜做饭时，才发现附近没有水，大家只好啃完干粮，和衣而睡。第二天早上，人们醒来时，发现昨晚放置释迦佛像的山头被压成了一块平台，

文成公主画像

离平台不远的地方，一眼晶莹的泉水喷涌而出，淙淙流淌。人们一下子明白，这是佛祖把山中的泉水压了出来。虔诚信佛的公主为了表达对佛祖的敬意，把自己身上的一串珍珠抛在泉眼里，泉水变得更加清凉甘甜。由此，人们把纳赤台称为"佛台"，把昆仑泉称之为"珍珠泉"。还有一个传说：创造神凡摩赴昆仑山瑶池之畔的西王母寿宴后归途中，饮兴未艾，信手把樽畅饮西王母馈赠的瑶池琼浆，金樽掷地，琼浆四溢。其乘坐的莲花神龛化为赤台群山，溢出琼浆便化为昆仑泉。

※ 昆仑山口

　　昆仑山口地处昆仑山中段，格尔木市区南 160 千米处，海拔 4772 米，相对高度 80 米～100 米，亦称"昆仑山垭口"，是青海、甘肃两省通往西藏的必经之地，也是青藏公路上的一大关隘。昆仑山口地势高耸，气候寒冷潮湿，空气稀薄，生态环境独特，自然景象壮观。这里群山连绵起伏，雪峰突兀林立，草原草甸广袤。尤其令人感到奇特的是，这里到处是突兀嶙峋的冰丘和变幻莫测的冰锥，以及终年不化的高原冻土层。冰丘有的高几米，有的高十几米，冰丘下面是永不枯竭的涓涓潜流。一旦冰层破开，地下水常常喷涌而出，形成喷泉。而冰锥有的高一二米，有的高七八米。这种冰锥不断生长，不断爆裂。爆裂时，有的喷浆高达二三十米，并发出巨大的响声。昆仑山口的大片高原冻土层，虽终年不化，但冻土层表面的草甸上生长着青青的牧草。每到盛夏季节，草丛中盛开着各种鲜艳夺目的野花，煞是好看。

　　昆仑山山口是青藏公路穿越昆仑山脉的必经之地、咽喉之所，是世界屋脊汽车探险线的必经之地，昆仑六月雪观光的重要景点。许多过往行人来到这里后，都要在此驻足观赏一番。1956 年 4 月，陈毅副总理在前往西藏途中路过昆仑山时，激情满怀，诗兴大发，当即写了一首《昆仑山颂》。诗中写道：峰外多峰峰不存，岭外有岭岭难寻。地大势高无险阻，到处川原一线平。目极雪线连天际，望中牛马漫逶巡。漠漠荒野人迹少，间有水草便是客。粒粒砂石是何物，辨别留待勘探群。我车日行三百里，七天驰骋不曾停。昆仑魄力何伟大，不以丘壑博盛名。驱遣江河东入海，控制五岳断山横。

37

阿特拉斯山脉 〉

阿特拉斯山脉为非洲北部山脉。阿特拉斯山脉形成马格里布国家的主脉，这些国家是摩洛哥、阿尔及利亚和突尼斯，山脉全长超过2000千米，自西南的摩洛哥海港阿加迪尔起至东北部的突尼斯首都突尼斯止。

☒ 地貌特征

在远古时代，由于欧洲、非洲和北美洲相连，阿特拉斯山脉在地质上是阿伯拉契造山运动的一部分。山脉在非洲和北美洲相撞时形成，当时远比现在的喜马拉雅山脉要高。如今，这山脉的痕迹仍然可以在美国东部的陡降线上或者在阿巴拉契亚山脉看到。

　　阿特拉斯山脉体系形如拉长的椭圆形，在山脉与山脉之间有一个广阔的平原和高原综合体。它包括不同的北部泰勒阿特拉斯山脉和南部撒哈拉阿特拉斯山脉。山脉形成摩洛哥东部和阿尔及利亚北部广阔高原的边缘。往东，在突尼斯，它们在泰贝萨山和迈杰尔达山连接了起来；往西，在摩洛哥，它们并入中阿特拉斯和大阿特拉斯山又高又崎岖不平的高峰中。小阿特拉斯山脉从大阿特拉斯山向西南方向延伸直至大西洋。从地质上说，泰勒阿特拉斯山脉是与欧洲阿尔卑斯山体系相关联的年轻而褶皱的山脉。南撒哈拉阿特拉斯却属于不同的结构群，即非洲大陆的广阔、古老的高原群。

⊠ 自然特征

季节性降雨为滂沱大雨，这就决定了阿特拉斯的水系性质。马格里布干河床源自阿特拉斯山脉。在常年河中有穆卢耶河源自中阿特拉斯山；谢利夫河源自阿穆尔山脉。

在阿特拉斯区域海拔较高之处，好的土壤稀少，常常是除了光秃秃的岩石、瓦砾以及因山崩而不断落下的物质外，一无所有。有两种物质占主导地位：石灰岩和泥灰岩。较稀少的砂岩有利于森林的成长。在阶地斜坡和谷底有冲积土，这是最好的土壤。

阿特拉斯地区的土壤受侵蚀且因植被稀少而更恶化，大约只有 10.1 平方千米的土地有森林。略有降雨的里夫山脉、卡比利亚和克鲁米里山脉，其湿润的森林中的栓皮槠覆盖着下层野草莓灌木丛和杜鹃花灌木，还有满地的半日花和薰衣草。当全年的降雨量不足 762 千米的时候，绿栎和崖柏则盖满土壤，形成有一片薄而浓密的下层灌木丛的明亮而干燥的树林。再高一点则以雪松树为主。在撒哈拉阿特拉斯的巅峰，植被更加稀少，仅有散落分布的绿栎和桧树。

阿特拉斯山脉的历史传说

　　非洲的阿特拉斯山脉源于希腊神话中提坦神的后裔阿特拉斯。他是窃火者普罗米修斯的兄弟，他身躯高大，无人可比。阿特拉斯曾同其他提坦神一起反对宙斯，失败后，宙斯命令他站在西方天地相合的地方，用双肩扛着天空。后来，希腊英雄柏修斯杀死蛇发女妖美杜莎，途经阿特拉斯王国，想在阿特拉斯的几个女儿和巨龙看守的金苹果树的园中过夜，阿特拉斯怕他的宝物被偷，就将他逐出宫殿。柏修斯很生气，就把美杜莎的头取出来，凡是看到美杜莎头的人都化为石头。结果，阿特拉斯一见美杜莎的头，身躯立即变成了一座大山，他的须发变成了广阔的森林，他的双肩、两手和骨头变成了山脊，他的头变成了高入云层的山峰，也就是非洲著名的阿特拉斯山脉。

41

喜马拉雅山脉 〉

　　喜马拉雅山脉是世界海拔最高的山脉，位于亚洲的中国与尼泊尔之间，分布于青藏高原南缘，西起克什米尔的南迦－帕尔巴特峰，东至雅鲁藏布江大拐弯处的南迦巴瓦峰，全长2400多千米。主峰珠穆朗玛峰是亚洲和世界第一高峰。

⊠ 名称由来

这些山峰终年为冰雪覆盖，藏语"喜马拉雅"即"冰雪之乡"的意思。"珠穆朗玛"是藏语第三女神的意思。她银装素裹，亭亭玉立，俯视人间，保护着善良的人们。她时而出现在湛蓝的天空中，时而隐藏在雪白的祥云里，更显出她的圣洁、端庄、美丽和神秘。珠穆朗玛这座世界第一高峰，对于中外登山队来说，是极具吸引力的攀登目标。

⊠ 地貌特征

喜马拉雅山脉最典型的特征是其上升的很快的高度，一侧陡峭参差不齐的山峰，令人惊叹不止的山谷和高山冰川，被侵蚀作用深深切割的地形，深不可测的河流峡谷，复杂的地质构造，表现出动植物和气候不同生态联系的系列海拔带（或区）。从南面看，喜马拉雅山脉就像是一弯硕大的新月，雪原、高山冰川和雪崩全都向低谷冰川供水，后者从而成为大多数喜马拉雅山脉河流的源头。不过，喜马拉雅山脉的大部却在雪线之下。创造了这一山脉的造山作用至今依然活跃，并伴有水流侵蚀和大规模的山崩。

喜马拉雅山脉可以分为4条平行的纵向山带，每条山带宽度不等，且都具鲜明的地形特征和自己的地质史。它们从南至北被命名为外或亚喜马拉雅山脉、小或低喜马拉雅山脉、大或高喜马拉雅山脉以及特提斯或西藏喜马拉雅山脉。

⊠ 气候特征

喜马拉雅山脉作为一个影响空气和水的大循环系统的气候大分界线，对于南面的印度次大陆和北面的中亚高地的气象状况具有决定性的影响。由于位置和令人惊叹的高度，大喜马拉雅山脉在冬季阻挡来自北方的大陆冷空气流入印度，同时迫使（带雨的）西南季风在穿越山脉向北移动之前捐弃自己的大量水分，从而造成印度一侧的巨大降水量和西藏的干燥气候。南坡年平均降雨量因地而异，在西喜马拉雅的西姆拉和马苏里约为 1530 毫米，在东喜马拉雅的大吉岭则为 3048 毫米左右。而在大喜马拉雅山脉以北，在诸如印度河谷的查谟和克什米尔地带的斯卡都、吉尔吉特和列城，只有 76～152 毫米的降雨量。

当地地形和位置决定气象的变化，不仅在喜马拉雅山脉的不同地方气候不齐，甚至就是在同一山脉的不同坡向也有差异。例如，马苏里城在面对台拉登的马苏里山脉之巅，高度约为 1859 米，由于这一有利位置，年降雨量为 2337 毫米；而西姆拉城在其西北一系列高度为 2011 米的山岭之后约 145 千米的地方，记录到的年降雨量则为 1575 毫米。东喜马拉雅山脉比西喜马拉雅山脉纬度低，较为温暖；记录到的最低温度在西姆拉，为 -25℃。五月份平均最低温度，在大吉岭 1945 米的高度记录到的是 11℃。同月，在邻珠穆朗玛峰近 5029 米的高度，最低温度约为 -8℃；在 5944 米的高度，气温降到 -22℃，最低温度为 -29℃；白天，即使在能避开时速超过 161 千米的强风的地区，这里的太阳也多是和煦温暖的。

45

⊠ 形成历史

据地质考察证实，早在 20 亿年前，现在的喜马拉雅山脉的广大地区是一片汪洋大海，称古地中海，它经历了整个漫长的地质时期，一直持续到距今 3000 万年前的新生代早第三纪末期。那时这个地区的地壳运动，总的趋势是连续下降，在下降过程中，海盆里堆积了厚达 30000 余米的海相沉积岩层。到早第三纪末期，地壳发生了一次强烈的造山运动，在地质上称为"喜马拉雅运动"，使这一地区逐渐隆起，形成了世界上最雄伟的山脉。喜马拉雅的构造运动至今尚未结束，仅在第四纪冰期之后，它又升高了 1300 米 ～1500 米。现在它还在缓缓的上升之中。

喜马拉雅山脉是从阿尔卑斯山脉到东南亚山脉这一连串欧亚大陆山脉的组成部分，所有这些山脉都是在过去 6500 万年间由造成地壳巨大隆起的环球板块构造力形成的。

大约 18000 万年以前，在侏罗纪时代，特提斯洋与整个欧亚大陆的南缘交界，即古老的贡德瓦纳超级大陆开始解体。贡德瓦纳的碎块之一、形成印度次大陆的岩石圈板块，在随后的 1.3 亿年间向北运动，与欧亚板块发生碰撞；印澳板块逐渐将特提斯地槽局限于自身与欧亚板块之间的巨钳之内。

在其后的 3000 万年间，由于特提斯洋海底被向前猛冲的印澳推动起来，它的

较浅部分逐渐干涸。形成西藏高原。在高原的南缘，边际山脉（今外喜马拉雅山脉）成为这一地区的首要分水岭并升高到足以成为气候屏障。

中国地处欧亚板块东南部，为印度洋板块、太平洋板块所夹峙。自早第三纪以来，各个板块相互碰撞，对中国现代地貌格局和演变发生重要影响。自始新世以来，印度洋板块向北俯冲，产生强大的南北向挤压力，致使青藏高原快速隆起，形成喜马拉雅山地，这次构造运动称为喜马拉雅运动。喜马拉雅运动分早、晚两期，早喜马拉雅运动中，印度洋板块与亚洲大陆之

间沿雅鲁藏布江缝合线发生强烈碰撞。喜马拉雅地槽封闭褶皱成陆，使印度大陆与亚洲大陆合并相连。与此同时中国东部与太平洋板块之间则发生张裂，海盆下沉，使中国大陆东部边缘开始进入边缘海一岛屿发展阶段。尤其重要的是发生于上新世—更新世的晚喜马拉雅运动。在亚欧板块、太平洋板块、印度洋板块三大板块的相互作用下，发生了强烈的差异性升降运动，地势出现了大规模的高低分异。差异运动的强度自东向西由弱变强。由于印度洋不断扩张，推动着刚硬的印度洋板块，沿雅鲁藏布江缝合线向亚洲大陆南缘俯冲挤压，使喜马拉雅山和青藏高原大幅度抬升。这种以小的倾角俯冲于亚欧板块之下的印度洋板块持续向北的强大挤压力，在北部遇到固结历史悠久的刚性地块（塔里木、中朝、扬子）的抵抗，产生强大的反作用力，使构造作用力高度集中，引起地壳的重叠，上地幔物质运动的加强和深层及表层构造运动的激化，导致地壳急剧加厚，促使地表大面积大幅度急剧抬升，于是形成雄伟的青藏高原，构成中国地形的第一级阶梯。

阿尔泰山脉 〉

阿尔泰山脉位于中国新疆维吾尔自治区北部和蒙古西部，西北延伸至俄罗斯境内，呈西北—东南走向。长约2000千米，海拔1000米～3000米。中段在中国境内，长约500千米。森林、矿产资源丰富。"阿尔泰"在蒙语中意味"金山"，从汉朝就开始开采金矿，至清朝在山中淘金的人曾多达5万多人。阿尔泰语系从阿尔泰山得名。

☒ 地质地貌

地质构造上属阿尔泰地槽褶皱带。山体最早出现于加里东运动，华力西末期形成基本轮廓，此后山体被基本夷为准平原；喜马拉雅运动使山体沿袭北西向断裂发生断块位移上升，才形成了现今的阿尔泰山的样子。1931年阿尔泰山区发生八级地震，并伴随产生近南北向的断层，延续 40 米～60 千米。

阿尔泰山北部一带丘陵将它们与西西伯利亚平原分隔开来，阿尔泰山东北部与西萨彦岭相接。蒙古阿尔泰山拔地而起成为友谊峰，接着先向东南然后再向东延伸。戈壁阿尔泰山在蒙古首都乌兰巴托西南约 483 千米处开始，占据该国南部，耸立于戈壁瀚海。

阿尔泰山山体浑圆，山坡广布冰碛石，U 形谷套 U 形谷，古冰斗成层排列，羊背石、侧碛、中碛、终碛等清晰可见。阿尔泰山有多级夷平面，一般公认有 4 级，海拔分别 2900 米～3000 米，2600 米～2700 米，1800 米～2000 米及 1400 米～1600 米。地貌垂直分带明显，由高而低有：现代冰雪作用带，海拔约 3200 米以上，以友谊峰和奎屯峰为中心，发育了山谷冰川、冰斗冰川、悬冰川。此外，阿克库里湖周围，阿克吐尔滚与阿库里滚河上源也有现代冰川；霜冻作用带，2400 米～3200 米，古冰蚀地形清晰，积雪长达 8 个月，以寒冻风化为主；侵蚀作用带，1500 米～2400 米，以流水切割为主；干燥剥蚀作用带，1500 米以下。喀纳斯综合自然景观保护区位于本带边缘。

◎ 土壤水系

土壤由高到低，主要分布有冰沼土、高山草甸土、亚高山草甸土、生草灰化土、灰色森林土、黑钙土、栗钙土、棕钙土等。

阿尔泰山径流较丰富，发育了额尔齐斯河与乌伦古河。两河皆构成典型不对称的梳状水系。额尔齐斯河是新疆境内唯一外流河，国境内流域面积约 5 万平方千米，全长约 546 千米；河水补给来源主要为降水、积雪融水和冰川等，多年平均径流量 100 多亿立方米，占阿尔泰地区总径流量 89% 左右，注入哈萨克斯坦斋桑泊，最后流入北冰洋。乌伦古河，支流在山区，山前为散失区，全长约 573 千米，最后归宿于乌伦古湖（布伦托海、福海），在二台站以上，流域面积为 2.2 万平方千米，补给来源亦以冬季积雪为主，多年平均径流量 11 亿立方米。两河上游多峡谷和断陷盆地，落差大，水流清澈，含泥沙少，水力蕴藏量约 50 万千瓦，目前开发利用程度较低。

◎ 气候特征

该地地区气候是十足大陆性的：由于亚洲大反气旋亦即高压区的影响，冬季漫长而酷寒。一月份丘陵间气温在 −14℃ 左右，而同时期东部有遮挡的山谷中气温仅 −32℃ 左右，而在楚河草原地带，气温可以遽降至 −60℃。间或有一两块永久冻土带，属覆盖北西伯利亚广阔地区的永久冻土带。7月的气温和煦乃至炎热——白天温度常达 24℃，有时在低坡处高达 40℃，但是在高地的大部分地方，夏季却是短暂而又凉爽的。在西部，特别是在 1524 米～1981 米之间的高地，降水量高，约 660 毫米～1300 毫米，终年降水量可多达 2600 毫米。继续往东，总降水量可减少到 1/3，有些地区则根本无雪。有冰川覆盖的最高峰侧翼约在 1500 条左右，覆盖面积约 648 平方千米。

阿尔泰山耸立于亚洲腹部的干旱荒漠和干旱半荒漠地带，西风环流带来大西洋水汽，顺额尔齐斯河谷地和哈萨克斯坦斋桑谷地长驱直入，向北遇阿尔泰山，受逼抬升降水。降水较为丰富，降水随高度递增和由西而东递减，冬夏多，春秋少，低山年降水量 200 毫米～300 毫米，高山可达 600 毫米以上；降雪多于降雨，且积雪时间随高度增加而延长，中高山积雪长达 6～8 个月，低山仅 5～6 个月，雪线低至海拔 2800 米左右，是中国最低的雪线；气温变化随高度增加而递减。阿尔泰山区气候垂直梯度变化明显，具有冬长夏短而春秋不显的特征。

整个地区属大陆性气候，夏季温暖多雨；冬季严寒，山谷中少雪而高山地带大雪纷飞。这里年平均温度为 0℃，其中 7 月份高山雪线以下的地区平均温度为 15℃～17℃，冬季最低气温达到 -62℃，年均降水量在 500 毫米～700 毫米之间。

祁连山脉 ＞

　　祁连山脉位于中国青海省东北部与甘肃省西部边境，由多条西北—东南走向的平行山脉和宽谷组成。因位于河西走廊南侧，又名南山。西端在当金山口与阿尔金山脉相接；东端至黄河谷地，与秦岭、六盘山相连。长近1000千米。属褶皱断块山。山脉最宽处在酒泉市与柴达木盆地之间，达300千米。山脉自北而南走向，包括大雪山、托来山、托来南山、野马南山、疏勒南山、党河南山、土尔根达坂山、柴达木山和宗务隆山。山峰海拔多在4000米～5000米之间，最高峰为疏勒南山的团结峰。海拔4000米以上的山峰终年积雪，山间谷地海拔也在3000～3500米之间。

⊠ 地质构造

　　祁连山原为古生代的大地槽，后经加里东运动和华力西运动，形成褶皱带。白垩纪以来祁连山主要处于断块升降运动中，最后形成一系列平行地垒（或山岭）和地堑（谷地、盆地）。自北而南包括8个岭谷带：①走廊南山—冷龙岭与黑河上游谷地—大通河谷地。②托米山与托来河上游谷地。③野马山—托来南山与野马河谷地—疏勒河上游谷地。④野马南山—疏勒南山（疏勒山）—大通山—达坂山与党河上游谷地—哈拉湖—青海湖—湟水谷地。⑤党河南山（乌兰达坂）—哈尔科山与大

哈尔腾河谷地—阿让郭勒河谷地。⑥察汗鄂博图岭（黑特尔山）与小哈尔腾河谷地。⑦土尔根达坂山—喀克吐蒙克山与鱼卡河上游谷地。⑧柴达木山—宗务隆山—青海南山（库库诺尔岭）—拉脊山与茶卡、共和盆地—黄河谷地。

　　山系西北高，东南低，绝大部分海拔3500～5000米，最高峰为疏勒南山的团结峰。山系南北两翼极不对称，北坡相对高度达3000米，南麓相对高度仅500米～1000米。

◎ 水系

祁连山水系呈辐射—格状分布。辐射中心位于北纬 38°20′，东经 99°附近的所谓"五河之源"，即托来河（北大河）和布哈河源头。由此沿至毛毛山一线，再沿大通山至青海南山东段一线为内外流域分界线，此线东南侧的黄河支流有庄浪河、大通河，属外流水系；西北侧的黑河、托来河、疏勒河、党河，属河西走廊内陆水系；哈尔腾河、鱼卡河、塔塔凌河、阿让郭勒河，属柴达木的内陆水系；还有哈拉湖两独立的内陆水系。上述各河多发源于高山冰川，冰川融水补给为主，冰川补给比重西部远大于东部。河流流量年际变化较小，而季节变化和日变化较大。

山系东部以流水侵蚀为主，西部干燥剥蚀作用强烈，高山则以寒冻风化作用为主，明显存在三级夷平面。为中国冰川分面最集中的地区之一，成为众多河流的发源地。

⊠ 气候特点

　　祁连山地具典型大陆性气候特征。一般山前低山属荒漠气候，年均温度在 6℃ 左右，年降水量约 150 毫米。中山下部属半干旱草原气候，年均温度在 2℃ ～5℃ 之间，年降水量 250 毫米 ～300 毫米。中山上部为半湿润森林草原气候，年均温度在 0℃ ～1℃ 之间，年降水量 400 毫米 ～500 毫米。亚高山和高山属寒冷湿润气候，年均温度– 5℃ 左右，年降水量约 800 毫米。山地东部气候较湿润，西部较干燥。

> **祁连山的地理意义**

内蒙古高原和青藏高原的分界线；

第一、二阶梯的分界线；

200毫米的年等降水量线；

内外流区的分界线；

干旱区和半干旱区的分界线；

草原景观和荒漠景观的分界线；

青藏地区和西北干旱半干旱区的分界线。

秦岭 〉

　　秦岭是横贯中国中部的东西走向山脉。西起甘肃南部，经陕西南部到河南西部，主体位于陕西省南部与四川省北部交界处，呈东西走向，长约1500千米。为黄河支流渭河与长江支流嘉陵江、汉水的分水岭。秦岭—淮河是中国地理上最重要的南北分界线，秦岭还被尊为华夏文明的龙脉。

⊠ 自然环境

　　秦岭南北坡的自然景观差异明显。属黄河流域的北坡为暖温带针阔混交林与落叶阔叶林地带。因长期的农业开发，现多为次生林。秦岭山区植物区系成分和动物种属成分具有明显的过渡性、混杂性和复杂多样性。野生动物中有大熊猫、金丝猴、羚牛等珍贵品种，鸟类有国家一类保护对象朱鹮和黑鹳。其中，大熊猫、金丝猴、羚牛、朱鹮被并称为"秦岭四宝"。秦岭现设有国家级太白山自然保护区和佛坪自然保护区。

⊠ 地理分界线: 秦岭—淮河一线

秦岭—淮河一线成为中国的一条重要地理分界线, 是由于这条线两边的景观有差异。景观有差异的因素很多, 比如气温和降水, 还有地形地势等因素。一般来说, 不同区域的差异往往是由气候造成的因素更多一些, 比如南方降水多, 北方降水少, 东部临海地区降水多, 内陆西部地区降水少等。由此可以推断, 这条线是气候的分界线。秦岭—淮河一线是东西走向的, 并且是一月份 0℃等温线和 800 毫米年等降水量线的通过地, 再加上冬天的时候, 秦岭能够阻挡寒潮南下, 夏天又能阻挡潮湿的海风进入西北地区, 导致这条线的南北地区在气候、河流、植被、土壤、农业等方面存在差异, 所以也就理所当然成为中国中部地区重要的分界线。

具体来说, 秦岭是中国的南北方分界线 (具体地说是秦岭的牛背岭); 一月份中国 0℃等温线 (河流有无结冰期分界线); 湿润与半湿润地区分界线; 800 毫米等降水线; 亚热带季风气候与温带季风气候分界线; 亚热带常绿阔叶林带与温带落叶阔叶林带分界线; 长江流域与黄河流域分界线; 多水带与过渡带分界线 (水资源供需情况); 亚热带与暖温带分界线 (将中国划分为五带: 热带、亚热带、暖温带、中温带、寒温带)。

描述秦岭的诗文

孟浩然 《送新安张少府归秦中》（一题作《越中送人归秦中》）

试登秦岭望秦川，遥忆青门春可怜。仲月送君从此去，瓜时须及邵平田。

白居易 《初贬官过望秦岭》

草草辞家忧后事，迟迟去国问前途。望秦岭上回头立，无限秋风吹白须。

白居易 《蓝桥驿见元九诗》

蓝桥春雪君归日，秦岭秋风我去时。每到驿亭先下马，循墙绕柱觅君诗。

司空曙 《登秦岭》

南登秦岭头，回望始堪忧。汉阙青门远，商山蓝水流。三湘迁客去，九陌故人游。从此思乡泪，双垂不复收。

杜甫 《阆州奉送二十四舅使自京赴任青城》

闻道王乔舄，名因太史传。如何碧鸡使，把诏紫微天。秦岭愁回马，涪江醉泛船。青城漫污杂，吾舅意凄然。

韩愈 《左迁至蓝关示侄孙湘》

一封朝奏九重天，夕贬潮州路八千。欲为圣明除弊事，肯将衰朽惜残年！云横秦岭家何在，雪拥蓝关马不前。知汝远来应有意，好收吾骨瘴江边。

念青唐古拉山脉 〉

　　念青唐古拉山脉是中国青藏高原主要山脉之一。横贯西藏中东部，为冈底斯山向东的延续。全长约1400千米，平均宽约80千米。海拔5000米～6000米，主峰念青唐古拉峰海拔7111米。该山地是青藏高原东南部最大的冰川区。西段为内流区和外流区分界，东段为雅鲁藏布江和怒江分水岭。

☒ 地貌形成

　　在第三纪末和第四纪，念青唐古拉山地区受东西向的怒江断裂带和雅鲁藏布江断裂带的控制挤压断裂褶皱，断续而强烈地上升，形成了海拔平均 6000 米以上的高大山系。

　　念青唐古拉山有 3 条主要山脊：西山脊、东山脊和南山脊。受地形影响，该地区冰川发育受到较大的限制。北坡附近，主要以横向的山谷冰川和悬冰川为主，悬冰川冰舌末端往往高达 5700 米。

　　南北两侧的峡谷中横卧着两条冰川，直泻而下，多冰陡墙和明暗裂缝，险恶万分而又奇特壮观。该地区的粒雪线也比其他地区高，达 5800 米以上。主峰西北山麓是中国第二大咸水湖纳木错，意为"天湖"，海拔 4718 米左右，是世界上海拔最高的咸水湖。伸入湖心的扎西半岛上有扎西寺，虔诚的喇嘛教徒们不辞辛劳来这里进香，向念青唐古拉神山和纳木错圣湖顶礼膜拜。主峰南麓是景色秀丽的羊八井谷地，这条谷地处在念青唐古拉山与冈底斯山中间的一条巨大地质断裂带上。这里地热资源十分丰富，除分布有常见的温泉、喷泉外，还有喷气孔、热水河、热水湖、热水沼泽等，是世界上少见的地热"博物馆"。现建有中国最大的地热电站、旅游温室和温泉浴馆，这里的浴水滑润而富有弹性，是消除疲劳和治疗疾病的理想之所。

63

⊠ 地质环境

"念青"藏语意为"次于",即此山脉次于唐古拉山脉。整座山脉近东西走向。西自东经90°左右处的冈底斯山脉尾闾起,向东北延伸,至那曲附近又随北西向的断裂带而呈弧形拐弯折向东南,接入横断山脉。全长1400千米,平均宽80千米。海拔5000米～6000米,主峰念青唐古拉峰海拔7111米。山脉形成于燕山运动晚期,地质构造复杂,为一系列向东逆冲的褶皱山带,沿山带南侧均有深大断裂通过。西段为断块山,南侧当雄盆地为一断裂凹陷,故南侧地势陡峭,相对高差达2000米左右,地势雄伟;北侧山势较和缓,相对高差1000米左右。

念青唐古拉山脉以山谷冰川为主的现代冰川发育,冰川面积7536平方千米,为青藏高原东南部最大的冰川区。山脉东段冰川分布集中,占整条山脉冰川总面积的5/6,且有90%分布于南侧迎风坡上,为中国海洋性冰川集中地区之一。其中有27条冰川长度超过10千米,许多冰川末端已伸入到森林地带。如易贡八玉沟的卡钦冰川长达33千米,冰川末端海拔仅2530米,为西藏最大冰川,也是中国最大的海洋性冰川。古冰斗、U形槽谷、终碛垅堤、羊背石、冰碛丘阜及冰蚀湖、堰塞湖(如然乌错、易贡错)等古冰川遗迹分布较多。山崩、滑坡及泥石流活动频繁,是西藏主要泥石流暴发区。如波密附近著名的古乡泥石流,即是川藏公路线上一大障碍。

气候环境

山脉由西到东平均气温为 0℃ ～8℃，7月均温 10℃ ～18℃，1月 –10℃ ～0℃，年较差 16℃ ～20℃，西部低于东部。

由于念青唐古拉峰地处大陆腹地，山脉的屏障作用阻挡了西北的寒流和印度洋的暖流，基本属于半干旱大陆性气候，年降水量在 300 毫米 ～400 毫米之间。每年5月中旬至9月中旬是该地区雨季，这段时间集中了年降水量的 80% ～90%，雨季天气现象也很复杂，变化无常，一天中往往出现阵雨、冰雹、雷暴、闪电等多种天气现象。

山脉西段位于半干旱气候地区，发育有大陆性冰川，面积小、规模有限，雪线高度升高到 5700 米。然而，西段山脉却是青藏高原上一条重要的地理界线，与冈底斯山脉同样，不仅是内外流水系分水岭，也是高原上寒冷气候带与温暖（凉）气候带的界线。界线以北的羌塘高原以高寒草原景观占优势，土地利用以牧业为主；界线以南即通常所称的"藏南地区"，为亚高山草原与山地（河谷）中旱生灌丛草原景观，种植业集中，为著名的"西藏粮仓"。在山地自然景观垂直分异上，西段较简单，一般以高寒草原或草甸为基带，上接高山寒冻风化带，没有森林带；东段山脉的垂直带谱结构较复杂，属海洋性湿润型，以云杉、冷杉为主的山地寒温带暗针叶林带占优势，上限可达海拔 4400 米。针叶林带具有林木生长快、蓄积量高的特点。例如波密一带的云杉林每 10000 平方米达 1500 立方米 ～2000 立方米，为西藏主要林产区之一。在海拔较低的易贡、通麦等暖热地区有以高山栎、青冈为代表的常绿阔叶林及铁杉林分布。在森林带以上则为高山灌丛草甸及高山草甸带，面积较广，为当地主要天然夏季牧场，适宜放养牦牛、绵羊等牲畜。青藏、川藏两条重要公路干线穿越念青唐古拉山脉。桑雄拉与安久拉分别为山脉西段与东段的主要山口。

● 七大洲的最高峰

世界上的名峰数不胜数，他们雄、奇、灵、秀，各具特色。本章主要介绍各大洲的最高峰，它们的地质构造，奇异景观，生态结构等，让我们一起来观赏大千世界的千崖竞秀的山野风光！

赤道雪峰——乞力马扎罗山 >

乞力马扎罗山位于坦桑尼亚东北部及东非大裂谷以南约160千米，是非洲最高的山脉，也是一个火山丘。该山的主体沿东西向延伸将近80千米，主要由基博、马温西和希拉3个死火山构成，面积756平方千米。其中乌呼鲁峰海拔约5950米，是非洲的最高峰。乞力马扎罗山素有"非洲屋脊"之称，而许多地理学家称它为"非洲之王"。该山的主体以典型火山曲线向下面的平原倾斜，平原的高度约海拔900米，山顶终年满布冰雪，但冰川消融现象非常严重。该山四周都是山林，生活着众多的哺乳动物，其中一些是濒临灭绝的物种。

▨ 地质地貌

乞力马扎罗山是坦桑尼亚东北部的大火山体，邻近肯尼亚边界，位于东非大裂谷以南约 160 千米，在奈洛比以南约 225 千米，其中央火山锥称乌呼鲁峰，海拔约 5895 米，是非洲最高点。除了乌呼鲁峰之外，乞力马扎罗山还有另一个主峰，叫马文济，两峰之间由一个 10 多千米长的马鞍形的山脊相连。远远望去，乞力马扎罗山是一座孤单耸立的高山，在辽阔的东非大草原上拔地而起，高耸入云，气势磅礴。乞力马扎罗山乌呼鲁赤道峰顶有一个直径约 2400 米、深约 200 米的火山口，口内四壁是晶莹无瑕的巨大冰层，底部耸立着巨大的冰柱，冰雪覆盖，宛如巨大的玉盆。

⊠ 气候特点

乞力马扎罗山是非洲最高的山。根据气候的山地垂直分布规律，乞力马扎罗山的基本气候，由山脚向上至山顶，分别是由热带雨林气候至冰原气候，因此其植物也包括从赤道到两极的基本植被。因为位于赤道附近，所以植被从热带雨林开始。气候分布属于非地带性分布，因此乞力马扎罗山容易形成地形雨，降水丰富。

在海拔 1000 米以下为热带雨林带，1000 米～2000 米间为亚热带常绿阔叶林带，2000 米～3000 米间为温带森林带，3000 米～4000 米为高山草甸带，4000 米～5200 米为高山寒漠带，5200 米以上为积雪冰川带。

因全球气候变暖和环境恶化，近年来，乞力马扎罗山顶的积雪融化，冰川退缩情况非常严重，乞力马扎罗山"雪冠"一度消失。如果情况持续恶化，15 年后乞力马扎罗山上的冰盖将不复存在。违法的伐木业、木炭生产业、采石业及森林火灾，都加剧了冰盖的融化，而乞力马扎罗冰川的消失将对这个地区的生态系统带来严重破坏。据有关研究报告称，气候变暖导致乞力马扎罗山的冰川体积过去 100 年间减少了将近 80%，造成附近居民的饮用水供应减少。

☒ 赤道雪峰

　　早在 150 多年前，西方人一直否认非洲的赤道旁有雪山的存在。1848 年，一位名叫雷布曼的德国传教士来到东非，偶然发现赤道雪峰的奇景，回国后写了一篇游记，详细介绍了自己的所见所闻，发表在一本刊物上。然而，连雷布曼自己也没有想到，就是这篇文章给他带来了无穷无尽的麻烦，众人指责他在宣传异端邪教，怀有不可告人的目的，使这位传教士备受冤枉。1861 年，又有一批西方的传教士、探险者来到非洲，亲眼目睹了赤道旁边的这座峰顶积雪的高山，并拍下了照片。人们这才开始相信雷布曼所讲的事实，从而结束了对他长达 13 年的指责。尽管后来仍然有人否认非洲赤道旁会有雪峰的存在，但这座有着数万年历史的雪山确确实实就位于赤道附近，且至少已有数万年的历史。

　　对于在赤道附近"冒出"的这一晶莹的冰雪世界，世人无不称奇。酷热的日子里，从远处望去，蓝色的山基令人赏心悦目，而白雪皑皑的山顶似乎在空中盘旋。常伸展到雪线以下飘渺的云雾，增加了这种幻觉。山麓的气温有时高达 59℃，而峰顶的气温又常在 −34℃左右，故有"赤道雪峰"之称。在过去的几个世纪里，乞力马扎罗山一直是一座神秘而迷人的山——没有人真的相信在赤道附近居然有这样一座覆盖着皑皑白雪的山。

乞力马扎罗山因海明威的小说《乞力马扎罗山的雪》增加了其知名度。

"乞力马扎罗是一座海拔 19710 英尺的长年积雪的高山，据说它是非洲最高的一座山。西高峰叫马塞人的'鄂阿奇—鄂阿伊'，即上帝的庙殿。在西高峰的近旁，有一具已经风干冻僵的豹子的尸体。豹子到这样高寒的地方来寻找什么，没有人作过解释。"

——《乞力马扎罗山的雪》海明威

海明威

火山之子——厄尔布鲁士峰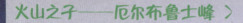

　　厄尔布鲁士峰是欧洲第一高峰，位于俄罗斯西南部，属于高加索山系的大高加索山脉的博科沃伊支脉，是死火山，海拔约5642米，近格鲁吉亚。厄尔布鲁士山北偏东65千米处为俄罗斯的基兹洛沃茨克城，南面20千米处为格鲁吉亚的高加索地区。

　　长期以来,西方人士往往把欧洲最高峰的桂冠,含含糊糊、不加解释地戴在阿尔卑斯山勃朗峰的头上。直到国际学术界达成共识，基本以高加索山系大高加索山脉的主脊，作为亚欧两洲陆上分界线南段的天然分界。自此而后，问题也迎刃而解：欧洲第一高峰当然非这条分界线北侧海拔5642米的厄尔布鲁士山莫属。

◪ 名称由来

"厄尔布鲁士"一名，一般都认为和波斯语有关，但仍存有其他意见。有的认为来"aitibares"一词，原义"高山""崇峰"。有人认为这座山的名字跟伊朗北部的厄尔布尔士山的名字十分相像，后者有"闪烁"和"熠熠发光"等义，前者也不外是这个意思，都是用来表示山巅永久积雪在阳光照射下反射亮光的景象的。

有人追溯得更远，从印欧语系的原始共同词根中寻访，提出可能和 alb（"高山""山岳"）这一词有直接关系的假说。总之，厄尔布鲁士山名称的来历、含义等问题，迄今依然未解决。

高加索山系素有"民族之山""语言之山"的称谓和别名，比喻生息其间的民族和分布其中的语言极多。这众多的民族、众多的语言，也曾不约而同地给这座神灵般的山岳取过很多名字。命名的根据是多种多样的——地理位置、生活感受、观测结果，以及悠远的传说、丰富的想象。如阿布哈兹人称它为极乐山；切尔克斯人称它是把幸福带到人间的幸福山；卡尔巴达人管它叫白昼之山；巴尔卡尔人和卡拉哈伊人将其命名为千山等。

走入神秘莫测的山

⊠ 地形地貌

厄尔布鲁士峰是大高加索山群峰中的"龙头老大"，简称"厄峰"，是博科沃伊山脉的最高峰。在小比例尺的地图上，它给人的印象仿佛是"骑在"亚欧两大洲的洲界线上的"跨洲峰"。其实不然，它的地理坐标为北纬43° 21′，东经42° 26′，整个山峰，不言而喻地落在俄罗斯联邦的版图内，当前归属卡巴尔达——巴尔卡尔共和国，西侧则紧靠俄罗斯的斯塔夫罗波尔边疆区的东南隅。

除了高度，厄尔布鲁士峰"形体"出众，壮美中透着威严。这座山岳是地质史上火山长期连续喷发的产物，其锥状外形就清晰地表明它是"火山之子"。加之其一大一小、一高一矮的"双峰对峙"态势，海拔分别约为5642米（主峰，居西）和

5595米（辅峰，居东）。从野外实地远眺，映入人们眼帘的这位"双顶巨人"，巍巍而耸，凛凛而立，超然绝伦，凌逼霄汉，敦实中显现出一种难以描述的威严……一眼望去，也显得高耸入云，上接天际。在它高大的"形体"上，终年为冰雪覆盖，雪线北坡在海拔3200米，南坡则在3500米；有50多条冰川，总面积达140平方千米。其中，大阿扎乌冰川和小阿扎乌冰川共长2100米；小阿扎乌冰川为悬冰川，长不足1000米。冰川末端溢出的融水，像乳汁一样"哺育"着周围数以百计的溪流，高加索地区著名的库班河和捷列克河等，就是从这些冰川发源，分别流入黑海和里海的。这在人们心目里，无形中平添了浓重的神秘和敬畏之感。

冰极之巅——文森峰 ›

文森峰，南极洲最高峰，海拔4897米左右。位于艾尔斯渥兹山脉，在森蒂纳尔与赫里蒂奇岭之间，俯瞰龙尼冰棚。1935年由美国探险家艾尔斯渥兹发现。当地发现一些软体动物化石，包括三叶虫和腕足动物，这说明该地区在寒武纪时气候温和。

文森峰山势险峻，且大部分终年被冰雪覆盖，交通困难，被称为"死亡地带"。文森峰虽然不高，但在七大洲最高峰中，它是最后一座被登顶的山峰。世界上首次登顶文森峰是在1966年12月17日，由美国的一支登山队完成，中国则是在1988年由李致新、王勇峰首次登顶文森峰。

☒ 气候状况

南极洲在形成时，还是一片汪洋大海，由于地壳运动，一些陆地及岛屿从海中升起，才构成今天的地理状况。它包括多山的南极半岛、罗斯冰架、菲尔希纳冰架和伯德地。主要山系有萨普、埃尔沃斯等。

南极洲是地球上最冷的大陆，冬季气温很少高于 −40℃。南极洲的风也是独具个性的。冷空气从大陆高原上沿着大陆冰盖的斜坡急剧下滑，形成近地表的高速风。风向不变的下降风将冰面吹蚀成波状起伏的沟槽，风速超过 15 米 / 秒时，会形成暴风雪，伸手不见五指。即使是最温暖的月份中，风速也可达到每小时 160 千米以上，气温仅在 10℃ 左右。南极洲还是地球上最干燥的大陆，几乎所有降水都是雪和冰雹。极地气旋从大陆以北顺时针旋转，以长弧形进入大陆，除西南极的低海拔地区以外，这些气流很难进入大陆内部。但是，在气旋经过的南极半岛末端（包括乔治王岛），年降水则特别丰富，可达 900 毫米。

南极大陆 98% 的地域终年为冰雪所覆盖。冰盖面积约 200 万平方千米，平均厚度 2000 米 ～2500 米，最大厚度约为 4800 米，它的淡水储量约占世界总淡水量的 90%，在世界总水量中约占 2%。

胜利之峰——查亚峰 >

查亚峰是印度尼西亚巴布亚省内的山峰，为新几内亚岛最高峰，也是大洋洲的最高峰。峰顶终年冰雪覆盖。由于地理界线分类的历史原因，科休斯科峰和查亚峰其中任何一座都可以视为大洋洲的最高峰。查亚峰位于印度尼西亚的一个岛上，处在同巴布亚新几内亚交界的位置。由于政局不稳定，这座山一直被封闭，不对登山和旅行者开放。所以登山者一般选择科休斯科峰作为大洋洲最高峰来攀登，直到查亚峰近年开放后才逐渐有人来攀登。

印度尼西亚人把它叫作彭凯克查亚，即胜利之峰。1962年希里查·汉里首次登上了这座山。这座遥远神秘的山对登山者有极大的吸引力，因为在那里可以看到植被从热带到寒带的变化以及远古人类生活的变迁。山下雨林里的食人部落也曾经一度使这座山峰蒙上了神秘诡异的色彩。查亚峰的攀登，用一个词形容就是"神秘"。我国的登山探险家金飞豹说他的查亚峰之行，经历了太多的第一次，第一次经历动荡的政治局势、第一次化装成矿工或武装军人登山、第一次体会真正的攀岩登山。

尽管这是一座十足的"矮子"山峰，用一天的时间就能登上山顶，不过却是最昂贵的一次探险。查亚峰也是最神秘的山峰之一。由于当地时局风云莫测，登山者需要改头换面、乔装打扮才能够到达营地。此外，国外财团和当地联合在山脚下的疯狂敛财行为，也让人有任人宰割的痛楚。

巨人瞭望台——阿空加瓜山 ＞

世界最高的死火山是阿空加瓜山，位于阿根廷境内，海拔6959米，是南美洲的最高峰，被公认为西半球最高峰。山峰坐落在安第斯山脉北部，峰顶在阿根廷西北部门多萨省境，但其西翼延伸到了智利圣地亚哥以北海岸低地。"阿空加瓜"在瓦皮族语中是"巨人瞭望台"的意思，因而此山又被称为"美洲巨人"。

阿空加瓜峰由第三纪沉积岩层褶皱抬升而成，同时伴随着岩浆侵入和火山作用，主要由火山岩构成。峰顶较为平坦，堆积安山岩层，是一座死火山。东、南侧雪线高4500米，冰雪厚达90米左右，发育有现代冰川，其中菲茨杰拉德冰川长达11.2千米，终止于奥尔科内斯河，然后泻入门多萨河。山顶西侧因降水较少，没有终年积雪。山麓多温泉，附近著名的自然奇观印加桥为疗养和旅游胜地。起自阿根廷首都布宜诺斯艾利斯的铁路，穿越附近的乌斯帕亚塔山口，抵达智利首都圣地亚哥。瑞士登山家楚布里根于1897年首次登上顶峰。

ZOURUSHENMIMOCE DE SHAN

太阳之家——麦金利山

麦金利山位于美国阿拉斯加州的中南部，是阿拉斯加山脉的中段，它海拔6193米，为北美洲的第一高峰。该山有南、北二峰，南峰较高，山势陡立。麦金利山原名迪纳利峰。这是当地印第安人的称呼，迪纳利在印第安语中的含意是"太阳之家"。后来，此山以美国第25任总统威廉·麦金利的姓氏命名为麦金利山。

麦金科山形成于侏罗纪末的内华达造山运动。为一巨大的背斜褶皱花岗岩断块山。由于地处边陲，天气寒冷，2/3的山体终年积雪，山间经常笼罩在浓雾之中，发育有规模很大的现代冰川，主要有卡希尔特纳和鲁斯等冰川。但到了夏季，气候又开始变得温和。山地南坡降水较多，森林上限762米，分布有杉树、桦树林等植被。北坡因降水少，雪线高度达1830米。地球大气层越靠近两极越稀薄，因此其峰顶的含氧量比珠峰还要低。即使是在夏天，山上的温度也可能降至−35℃，而且山上风速常达到80千米/小时。雪峰、冰川相互映衬，绿树成带，风景优美。山地旅游资源独具特色，1917年这里被辟为美国

迪纳利国家公园。

1896年，来阿拉斯加探险的人们给了迪纳利峰新的名字。探险队的威廉姆·迪克认定它是北美大陆的最高峰，他以将要当选为美国总统的威廉·麦金利的名字命名这座峰。他说，之所以要把这个荣誉给这位俄亥俄州的政治家，是因为他在荒无人烟的山里听到的第一个消息就是威廉·麦金利被选为新任总统。

第二支来到山脚下的白人队伍是美国地理调查队。他们命名了麦金利山周围的地形，如"勘察者冰川""罗伯特·马尔德冰川"等。

走入神秘莫测的山

⊠ 地理环境

麦金利山系第三纪晚期和第四纪隆起的巨大穹窿状山体，有南北二峰，南峰即海拔6193米的北美洲最高峰，北峰高5934米。山上终年积雪，雪线高度为1830米。南坡降水量较多，冰川规模较大，有卡希尔特纳和鲁斯等主要冰川。

⊠ 麦金利山国家公园

麦金利山区由于受到温暖的太平洋暖流影响，气候比较温和，到夏季时也是青绿一片，海拔762米以下，发育了森林，以杉一桦树林为主。绿色的森林、雪白的山峰、广阔的冰川，在阳光下互为衬托，令人耳目一新。1917年，这里被辟为国家公园。麦金利山国家公园是美国仅次于黄石公园的第二大公园，面积6800多平方千米。这里地处边陲，人烟稀少，气候寒冷，自然风光独特，公园以北400千米就是北极圈。在麦金利山国家公园里，人们可以感受到冬季的暗无天日，也能享受夏季的漫长白夜，奇妙的近极地风光令人赞叹不已。

⊠ 利用价值

麦金利山是北美洲的第一山峰，吸引了世界各地的旅游者和登山者。为了方便普通游客，这里修筑了一条曲曲折折的小路，直通山顶。小路全长约 58 千米。由于这里的天气变化无常，小路的大部分常被积雪覆盖，攀登十分困难，即使是专业的登山队员也需要两个星期才能登上峰顶，而普通的游人大概需要一个月的时间。天气突变以及雪崩每年都会造成登山者遇难的悲剧，这给富于冒险精神的美国人提供了一个表现的场所，他们纷纷来到这里，以自己的体魄和智慧向麦金利山挑战。

麦金利山也是野生动物的保护区，这里常见的动物有驯鹿、灰熊和麋等。每年 6 月底到 7 月初，是驯鹿迁移的季节。成百上千的驯鹿结队而行，朝一个方向行进，十分壮观。冬天过后，它们又沿原路返回。

在麦金利山区旅游，人们可以住在因纽特人的小屋里，体会那种捕鱼、打猎的原始生活方式。此外，这里还是对冰川冻土、极地高山气候、自然生态、地球物理等进行科学研究的理想之地。

ZOURUSHENMIMOCE DE SHAN

世界之巅——珠穆朗玛峰

珠穆朗玛峰简称珠峰，又意译作圣母峰，尼泊尔称之为萨伽马塔峰，也叫"埃菲勒斯峰"，位于中华人民共和国和尼泊尔交界的喜马拉雅山脉之上，终年积雪。海拔8844.43米，是亚洲也是世界第一高峰，中国最美的、令人震撼的十大名山之一。

珠穆朗玛峰是喜马拉雅山脉的主峰，其山体呈巨型金字塔状，威武雄壮，昂首天外，地形极端险峻，环境非常复杂。雪线高度：北坡为5800米～6200米，南坡为5500米～6100米。东北山脊、东南山脊和西山山脊之间夹着三大陡壁（北壁、东壁和西南壁），在这些山脊和峭壁之间又分布着548条大陆型冰川，总面积达1457.07平方千米，平均厚度达7260米。冰川的补给主要靠印度洋季风带两大降水带积雪变质形成。冰川上有千姿百态、瑰丽罕见的冰塔林，又有高达数十米的冰陡崖和步步陷阱的明暗冰裂隙，以及险象环生的冰崩雪崩区。

珠峰不仅巍峨宏大，而且气势磅礴。在它周围20千米的范围内，群峰林立，山峦叠嶂，仅海拔7000米以上的高峰就有40多座。

⊠ 地质演化

　　珠穆朗玛峰所在的喜马拉雅山地区原是一片海洋，在漫长的地质年代，从陆地上冲刷来大量的碎石和泥沙，堆积在喜马拉雅山地区，形成了这里厚达3万米以上的海相沉积岩层。之后，由于强烈的造山运动，使喜马拉雅山地区受挤压而猛烈抬升，据测算，平均每一万年大约升高20米～30米，直至如今，喜马拉雅山区仍处在不断上升之中，每100年上升7厘米。

　　随着时间的推移，珠穆朗玛峰的高度还会因为地理板块的运动而不断变化。有趣的是，珠穆朗玛峰虽然是世界第一高峰，但是它的峰顶却不是距离地心最远的一点。这个特殊的点属于南美洲的钦博拉索山（已知太阳系最高峰是海拔22000米的火星奥林匹斯山）。珠穆朗玛峰高大巍峨的形象，一直在当地以及全世界的范围内产生着巨大的影响。

走入神秘莫测的山

⊠ 气候特征

　　珠穆朗玛峰地区及其附近高峰的气候复杂多变，即使在一天之内，也往往变化莫测，更不用说在一年四季之内的风云变幻。大体来说，每年6月初至9月中旬为雨季，强烈的东南季风造成暴雨频繁、云雾弥漫、冰雪肆虐无常的恶劣气候。11月中旬至翌年2月中旬，因受强劲的西北寒流控制，最低气温可达−60℃，平均气温在−40～−50℃之间。最大风速可达90米/秒。每年3月初至5月末，这里是风季过渡至雨季的春季，而9月初至10月末是雨季过渡至风季的秋季。在此期间，有可能出现较好的天气，是登山的最佳季节。由于气候极度寒冷，这里又被称为世界第三极，据珠峰脚下的定日气象站的无线电探空资料表明，在海拔7500米的高度上2月是最冷的时间，其平均气温为−27.1℃；8月是最热的时间，其平均气温−10.4℃；此处年平均气温为−19.6℃。而在海拔9400米的高度上，最冷的是在2月，其平均气温为−40.5℃；最热在8月，其平均气温为−23.7℃；此处年平均气温约为−33℃。因而珠峰高度上的年平均气温约为−29.0℃左右，1月平均气温−37℃，7月平均气温−20℃左右。

⊠ 珠峰旗云

眺望珠穆朗玛峰，无论那云雾缭绕的山峦奇峰，还是那耀眼夺目的冰雪世界，无不引起人们莫大的兴趣。不过，人们最感兴趣的还是飘浮在峰顶的云彩。这云彩好像是在峰顶上飘扬着的一面旗帜，因此这种云被形象地称为旗帜云或旗状云。

珠穆朗玛峰旗帜云的形状千姿百态，时而像一面旗帜迎风招展，时而像波涛汹涌的海浪，忽而变成袅娜上升的炊烟；刚刚还似万里奔腾的骏马，一会儿又如轻轻飘动的面纱。这使珠穆朗玛峰增添了不少绚丽壮观的景色，堪称世界一大自然奇观。

有经验的气象工作者或登山队员，常常根据珠穆朗玛峰旗帜云飘动的位置和高度，推断峰顶高空风力的大小。旗帜云飘动的位置越向上掀，说明高空风力越小，越向下倾，风力越大；若和峰顶平齐，风力约有九级。又如印度低压过境前，旗帜云的方向由峰顶东南侧往西北移动，说明高空已改吹东南风，低压系统即将来临，接着低压过境，常伴有降雪。

由于旗帜云的变化可以反映出高空气流的变动，因此珠穆朗玛峰旗帜云又有"世界上最高的风向标"之称。

中国名山

中国是一个多山的国家，山脉多成东西和东北—西南走向，主要山脉有阿尔泰山脉、天山山脉、昆仑山脉、喀喇昆仑山脉、唐古拉山脉、念青唐古拉山脉、祁连山脉、冈底斯山脉、喜马拉雅山脉、横断山脉、阴山山脉、太行山脉、秦岭山脉、大兴安岭山脉、长白山脉、台湾山脉等。平均海拔6000米的喜马拉雅山脉是世界最高大雄伟的山脉，它的主峰珠穆朗玛峰海拔8844.43米，是世界最高峰。此外，还有黄山、华山、嵩山、泰山、庐山、灵谷峰、衡山、恒山、峨眉山、武当山、雁荡山、长白山、淅川霄山、普陀山等名山。

中国五岳名山 〉

华山一景

⊠ 东岳泰山

泰山坐落在山东省中部，为中国五岳之首，古称"岱宗"。泰山主峰玉皇顶海拔1532.7米左右，高度居五岳第三位，但它历来被称为"五岳独尊"，原因首先是泰山平地拔起，山势雄伟，更重要的是泰山在中国的政治、文化历史上占有很高的地位。它是历朝统治者祭天的场所，山上有古寺庙22处、古遗址97处、历代碑碣819块、摩崖石刻1018处。泰山山麓的岱庙为泰山第一名胜，天贶殿是岱庙主殿，殿内东、西、北三面墙壁画有《泰山神出巡图》。岱庙内陈列的沉香狮子、温凉玉圭、黄蓝釉瓷葫芦瓶被誉为泰山镇山"三宝"。

泰山碑碣

⊠ 西岳华山

华山位于陕西华阴市城南。海拔约2154.9米，以险峻著称，素有"奇险天下第一山"之誉。华山五峰为南峰落雁、东峰朝阳、西峰莲花、中峰玉女、北峰云台。峰上回心石、千尺幢、百尺峡、擦耳崖、苍龙岭均为名闻天下的极险之道。华山脚下的西岳庙是历代帝王祭祀华山的场所，创建于西汉，至今仍保存着明、清以来的古建筑群。因其形制与北京故宫相似，有"陕西故宫"之称。

✿ 南岳衡山

衡山位于湖南省衡阳市南岳区，海拔约 1300.2 米。由于气候条件较其他四岳更好，处处古木参天，终年翠绿，奇花异草，四时郁香，以风景秀丽著称。南岳庙是衡山最大殿宇。祝融峰之高、藏经楼之秀、方广寺之深、水帘洞之奇，称为衡山四绝。此外近年还开辟了麻姑仙境、穿岩诗林新景点。

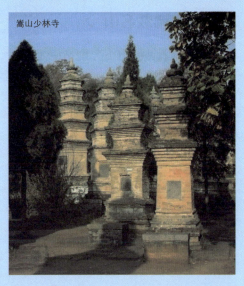
嵩山少林寺

衡山忠烈祠

✿ 中岳嵩山

嵩山位于河南省登封市境内，海拔约 1491.7 米，以峻闻名。峻极峰是嵩山最高峰。嵩山东端中岳庙是中国最早的、规模最大的道教庙宇。嵩岳寺塔始建于北魏，为中国现存最古老的砖塔。坐落于峻极峰下的嵩阳书院是宋代四大书院之一。嵩山西部北麓少林寺，是中国佛教禅宗发源地，也是中国少林武术的发源地。

✿ 北岳恒山

恒山位于山西省浑源县东，海拔 2016.1 米左右。天峰岭与翠屏峰，是恒山主峰的东西两峰，双峰对峙，浑水中流。山上怪石争奇，古树参天，苍松翠柏之间散布着楼台殿宇，以幽静著称。恒山景观之最为悬空寺，建于恒山金龙口西崖峭壁上。据恒山志记载，该寺始建于北魏晚期，全寺有殿阁 40 间，在陡崖上凿洞插悬梁为基，楼阁间以栈道相通，风景优美，别具一格。

恒山悬空寺

中国四大佛教名山 〉

中国佛教四大名山分别是山西五台山、四川峨眉山、安徽九华山、浙江普陀山；分别为佛教文殊菩萨、普贤菩萨、地藏菩萨、观世音菩萨的道场。四大名山随着佛教的传入，自汉代开始建寺庙、修道场，延续至清末。新中国成立后，四大名山受到国家的保护，山上的寺院得到了修葺。近年来，这四大佛教名山已成为蜚声中外的宗教、旅游胜地。

⊠ 普陀山

普陀山是中国四大佛教名山之一，同时也是著名的海岛风景旅游胜地，相传为观世音菩萨的道场。这里风景优美，有着众多的文物古迹。普陀山位于杭州湾以东约 18.5 千米，是舟山群岛中的一个小岛，全岛面积约 12.5 平方千米。置身普陀山，不论在哪一个景区、景点，都使人感到海阔天空。虽有海风怒号，浊浪排空，却并不使人有惊涛骇浪之感，只觉得这些景观使人振奋。普陀山作为佛教圣地，最盛时

有 80 多座寺庵，100 多处茅篷，僧尼达 4000 余人。来此旅游的人，在岛上的小径间漫步时，经常可以遇到身披袈裟的僧人。美丽的自然风景和浓郁的佛教气氛，使它蒙上一层神秘的色彩，而这种色彩，也正是它对游人有较强吸引力的所在。普陀山既以海天壮阔取胜，又以山峰深邃见长。登山揽胜，眺望碧海，一座座海岛浮在海面上，点点白帆行驶其间，景色极为动人。前人对普陀山作了这样高的评价："以山而兼湖之胜，则推西湖；以山而兼海之胜，当推普陀。"普陀山的风景名胜、游览点很多，主要有普济、法雨、慧济三大寺，这三座寺庙是现今保存的 20 多所寺庵中最大的。普济禅寺始建于宋，为山中供奉观音的主刹，建筑总面积约 11000 多平方米。法雨禅寺始建于明，依山凭险，层层叠建，周围古木参天，极为幽静。慧济禅寺建于佛顶山上，因此又名佛顶山寺，初建于明代，建筑面积约 3300 平方米。普陀山上的奇岩怪石很多，著名的有盘陀石、二龟听法石、海天佛国石等 20 余处。在山海相接之处有许多石洞胜景，最著名的是潮音洞和梵音洞。

岛的四周有许多沙滩，但最主要的是百步沙和千步沙。千步沙是一个弧形沙滩，长约 1500 米，沙细坡缓，沙面宽坦柔软，是一个优良的海水浴场。这里已成为著名的沙滩旅游区。

岛上树木葱郁，林幽壑美，有樟树、罗汉松、银杏、合欢树等树种。其中有一株千年古樟，树围达 6 米，荫覆数亩。还有一株"鹅耳枥"，是我国少见的珍贵树种，属于国家二等保护植物。此外，普陀山还留传着许多有关佛教的民间故事。

⊠ 九华山

九华山位于安徽省青阳县城西南 20 千米处，相传为地藏王菩萨的道场。方圆 120 平方千米，主峰十王峰约 1342 米，为黄山支脉，是国家级风景名胜区。九华山共有 99 座山峰，以天台、十王、莲花、天柱等九峰最雄伟，群山众壑、溪流飞瀑、怪石古洞、苍松翠竹，奇丽清幽，相映成趣。名胜古迹，错落其间。九华山古刹林立，香烟缭绕，是善男信女朝拜的圣地；风光旖旎，气候宜人，是旅游避暑的胜境。九华山现有寺庙 80 余座，僧尼 300 余人，已逐渐成为具有佛教特色的风景旅游区。在中国佛教四大名山中，九华山独领风骚，以"香火甲天下""东南第一山"的双重桂冠而闻名于海内外。

唐代大诗人李白曾三次游历九华山，见此山秀丽、九峰如莲花，写下了"昔在九江上，遥望九华峰。天江挂绿水，秀出九芙蓉"的美妙诗句，后人便将其旧号"九子山"改为"九华山"。王安石也在其作品《答平甫舟中望九华》中给予九华山"楚越千万山，雄奇此山兼"这样的高度评价。九华山不仅以佛教人文景观著称，而且山水雄奇、灵秀，胜迹众多。在全山 120 平方千米范围内，奇峰叠起，怪石嶙峋，涌泉飞瀑，溪水潺潺。鸟语伴钟鼓，云雾现奇松。自然风光十分迷人。朝鲜半岛新罗国高僧金乔觉，渡海来九华修行，传说他

是地藏菩萨的化身，普渡众生，功德无量，"远近焚香者，日以千计"。

九华山溪水清澈，泉、池、潭、瀑众多。有龙溪、缥溪、舒溪、曹溪、濂溪、澜溪、九子溪等，源于九华山各峰之间，逶迤秀丽，闪现于绿树丛中。龙溪上有五龙瀑，飞泻龙池，喷雪跳玉，极为壮观。又自弄珠潭，激流直下，浪花似珠玉四处乱弹。舒溪三瀑相连，注入上、中、下雪潭，断崖飞帘，如卷雪浪。

九华山最高峰十王峰，海拔 1342 米，其次为七贤峰（1337 米）、天台峰（1306 米）。海拔 1000 米以上的高峰有 30 余座，云海翻腾，各展雄姿，气象万千。险峰多峭壁怪石，如天台峰西的"大鹏听经石"，传说是有大鹏听地藏菩萨诵经而感化成

石。观音峰上"观音石"，酷似观音菩萨凌风欲行。十王峰西有"木鱼石"，钵盂峰有"石佛"，中莲花峰有"罗汉晒肚皮"，南蜡烛峰有"猴子拜观音"等，形态逼真，越看越奇，耐人寻味。又有幽深岩洞，如堆云洞、地藏洞等，相传地藏菩萨最初来九华时曾禅居洞内。还有老虎洞、狮子洞、华严洞、长生洞、飞龙洞、道僧洞等，均为古代僧人居室，清静雅致，极利禅修。

九华山山水风景中最出名的当数其旧志中记载的九华十景：天台晓日、化城晚钟、东崖晏坐、天柱仙踪、桃岩瀑布、莲峰云海、平岗积雪、舒潭印月、九子泉声、五溪山色。此外，还有龙池飞瀑、闵园竹海、甘露灵秀、摩空梵宫、花台锦簇、狮子峰林、青沟探幽、鱼龙洞府、凤凰古松等名胜。

⊠ 峨眉山

峨眉山位于我国四川省峨眉山市境内，景区面积154平方千米，最高峰万佛顶海拔约3099米，是著名的旅游胜地和佛教名山，相传为普贤菩萨的道场，是一个集自然风光与佛教文化为一体的中国国家级山岳型风景名胜。1996年12月6日列入《世界自然与文化遗产名录》。

峨眉山平畴突起，巍峨、秀丽、古老、神奇。它以优美的自然风光、悠久的佛教文化、丰富的动植物资源、独特的地质地貌而著称于世。这里被人们称为"仙山佛国""植物王国""动物乐园""地质博物馆"等，素有"峨眉天下秀"之美誉。唐代诗人李白诗曰："蜀国多仙山，峨眉邈难匹"；明代诗人周洪谟赞道："三峨之秀甲天下，何须涉海寻蓬莱"；当代文豪郭沫若题书峨眉山为"天下名山"。

古往今来，峨眉山是人们礼佛朝拜、游览观光、科学考察和休闲疗养的胜地。千百年来峨眉山香火旺盛、游人不绝，永葆魅力。其主要特色为：绚丽的自然风光，雄伟的山势，景色秀丽，气象万千，素有"一山有四季，十里不同天"之妙喻。清代诗人谭钟岳将峨眉山风光概括为十景：金顶祥光、象池月夜、九老仙府、洪椿晓雨、白水秋风、双桥清音、大坪霁雪、灵岩叠翠、罗峰晴云、圣积晚钟。此后人们又不断发现和创造了许多新景观，如红珠拥翠、虎溪听泉、龙江栈道、龙门飞瀑、雷洞烟云、接引飞虹、卧云浮舟、冷杉幽林等，无不引人入胜。进入山中，重峦叠嶂，古木参天。峰回路转，云断桥连。洞深谷幽，天光一线。万壑飞流，水声潺潺。仙雀鸣唱，彩蝶翩翩；灵猴嬉戏，琴蛙奏弹；奇花铺径，别有洞天。春季万物萌动，郁郁葱葱；夏季百花争艳，姹紫嫣红；秋季落叶满山，五彩缤纷；冬季银装素裹，白雪皑皑。登临金顶极目远望，视野宽阔无比，景色十分壮丽。观日出、云海、佛光、晚霞，令人心旷神怡；西眺皑皑雪峰、贡嘎山、瓦屋山，山连天际；南望万佛顶，云涛滚滚，气势恢弘；北瞰百里平川，如铺锦绣，大渡河、青衣江尽收眼底。置身峨眉之巅，真有"一览众山小"之感慨。

◎ 五台山

五台山，中国佛教第一圣地，相传为文殊菩萨的道场。位于山西省五台县境内，方圆 250 千米，海拔 3000 米左右，由五座山峰环抱而成，五峰高耸，峰顶平坦宽阔，如垒土之台，故称五台。五台山是国家级重点风景名胜旅游区之一。

汉唐以来，五台山一直是中国的佛教中心，此后历朝不衰，屡经修建，鼎盛时期寺院达 300 余座，规模之大可见一斑。如今大部分寺院都已不复存在，仅剩下台内寺庙 39 座，台外寺庙 8 座。寺院经过不断修整，更加富丽堂皇、雄伟庄严，文化遗产极为丰富，举世称绝，其中最著名的五大禅寺有显通寺、塔院寺、文殊寺、殊像寺、罗睺寺。五台分别为东台望海峰，西台挂月峰，南台锦绣峰，北台叶斗峰，中台翠岩峰。五台之中北台叶斗峰最高，海拔约 3058 米，素称"华北屋脊"。《清凉山志》中记载道："左邻恒岳，秀出千峰；右瞰滹沱，长流一带；北凌紫塞，遏万里之烟尘；南护中原，为大国之屏蔽。山之形势，难以尽言。五峰中立，千嶂环开。曲尽窈窕，锁千道之长溪。叠翠回岚，幕百重之峻岭。峥巍敦厚，他山莫比。"又因山中盛夏气候凉爽宜人，故别名"清凉山"。

五台山被国内外佛教公认为文殊菩萨的应化道场，成为举世瞩目的佛教圣地是从唐代开始的。唐太宗曾言"五台山者，文殊闷室，万圣幽栖，境系太原，实我祖宗植德之所，切宜祗畏。"从此五台山便被公认为文殊圣域。登上皇位的武则天曾自称她"神游五顶"，因此，敕命重建五台山清凉寺，竣工后，命名僧感法师为主持。这是五台山佛教在全国佛教界取得举足轻重地位的发端，随着唐王朝的国威远扬和唐朝文化的传播，五台山的声望也随之显赫于世。

95

中国四大道教名山 >

⊠ 湖北武当山

武当山又名太和山，位于鄂西北的丹江口市境内，是中国的道教名山，列中国"四大道教名山"之首，也是武当武术的发源地。武当山山势奇特，雄浑壮阔。主峰紫霄峰海拔约 1612 米。有 72 峰、36 岩、24 涧、3 潭、9 泉，构成了"七十二峰朝大顶，二十四涧水长流"的秀丽画境。山间道观总数达 2 万余间，其规模宏大，建筑考究、文物丰富的道观建筑群已被列入世界遗产名录。山间主要景点有金殿、紫霄宫、遇真宫、复真观、天乙真庆宫等。

⊠ 四川青城山

青城山古称丈人山，又名赤城山，位于都江堰市西南 15 千米处，海拔 1600 米左右，其 36 座山峰，如苍翠四合的城郭，故名青城山。这里林木青翠，峰峦多姿，有"青城天下幽"之誉。青城为中国道教发祥地之一，相传东汉张道陵（张天师）曾在此创立五斗米道，因此，历代宫观林立，至今尚存 38 处。著名的有建福宫、天师洞、上清宫等，并有经雨亭、天然阁、凝翠桥等胜景。

⊠ 江西龙虎山

龙虎山位于江西鹰潭市西南郊 20 千米处，为国家级风景名胜区。源远流传的道教文化，独具特色的碧水丹山，以及现今所知历史最悠久、规模最大、出土文物最多的崖墓群，构成了这里自然、人文景观的三绝。龙虎山的著名景点有天师府、上清宫、龙虎山、悬棺遗址和仙水岩等。

⊠ 安徽齐云山

齐云山又称白岳，位于徽州盆地，黄山脚下，屯溪西33千米，皖赣铁路在齐云山脚经过。因其"一石插天，与云并齐"，故名齐云山。它是一处以道教文化和丹霞地貌为特色的山岳风景名胜区，历史上有"黄山白岳甲江南"之称，为国家重点风景名胜区。齐云山海拔高度为585米，有36奇峰、72怪岩、24飞涧，加之境内河、湖、泉、潭、瀑，构成了一幅山青水秀、峭拔明丽的自然图画。白岳的特点是峰峦怪诵，且多为圆锥体，远远望去，一个个面目各异的圆丘，自成一格。主要景观有洞天福地、真仙洞府、月华街、太素宫、香炉峰、小壶天、玄天太素宫、玉虚宫、方腊寨、五青峰、云岩湖等。齐云山碑铭石刻星罗棋布，素有"江南第一名山"之誉。该山道教始于唐代（758～760年），至明代道教盛行，香火旺盛，成为中国四大道教名山之一。

● 高山生物

山是一个多姿多彩、张扬着生命的欢乐与自由的世界，这是其他地域环境所不能比拟的。群山之中，茂盛的植物、美丽的动物生长繁衍，连岩石、流水和风雪云雾都充满了灵性，它们形成了一个又一个各自独立又相互依存的有机秩序，堪称和谐存在的典范。

世界最大的高山植物分布区 ＞

　　西藏高原是世界上面积最大的高山植物分布区。在西藏海拔4200米以上的草原、草甸带尤其是平缓的山坡和河谷中均可发现一些铺地而生、高不过10厘米的垫状植物，它们是由许许多多的分枝交织而成的一株植物。这类植物在北极高寒地区也有分布，但在西藏最为丰富。常见的如雪灵芝属、点地梅属、虎耳草属、凤毛菊属等。垫状植被中分布较广泛的是"垫状点地梅"，这种属报春花科而略带木质化的植物，紧密而扎实，铁铲都不易砍入。一株典型的垫状点地梅像是一把撑开的雨伞，非常奇特。

　　有些高山植物茎叶上的毛绒特别发达，远远望去，不见枝叶和花果，宛如一只只白色的玉兔。其中最著名的是雪莲花。雪莲是世界上分布最高的植物之一，也是一种珍奇的花卉。它们一般生存在海拔4800米～5800米之间的寒冻风化带，这一地带土壤少而质地粗，即使在最暖的7月，也常常非雨即雪，寒风呼啸，而雪莲却以其独特的形态和生理特征茁壮生长。它的叶极密而披有白色的长毛，宛若绒球。绒毛交织，形成无数"小温室"，使内部空气难以与外界交换，白天在阳光的照射下，它比周围的土壤和空气所吸收的热量多，夜间又能保暖。绒毛层还可使雪莲免遭强烈紫外线辐射的伤害。它的根系扎入地下深达1米以上，为地上部分的10倍，能吸收较多的水分和养料。雪莲不愧是高海拔地区顽强生命力的象征。

　　西藏5000余种野生植物中，有经济利用价值的达1000余种，尤以药用植物著称。野生药用植物有1000多种，其中常用中草药400多种。除雪莲外，比较著名的还有藏红花、冬虫夏草、贝母、胡黄连、大黄、天麻、三七、党参、秦

芄、丹参、灵芝、鸡血藤等。在已鉴定出的200多种菌类中，松茸、猴头、獐子菌、香菇、黑木耳、银耳、黄木耳等都是有名的食用菌，这一地区还出产茯苓、松橄榄、雷丸等药用菌。补肺益肾的虫草产量居中国第一，贝母、胡黄连等也名列前茅。

藏族对植物的药用具有悠久的历史。帝玛尔·丹增彭措等人18世纪完成的《晶珠本草》一书中，已收载了植物药一千多种。藏药的原植物很多是生于西藏及青藏高原其他地区的特有植物。藏药的有效性和特有性已愈来愈引起国内外的重视。从众多的藏药中寻找有效成分含量高、具有特殊用途的新药、特药，已引起药学界的关注。

⊠ 艳丽的花朵

高山植物常有艳丽的花朵。中国有世界闻名的三大高山花卉：杜鹃花、报春花和龙胆花，分别属于杜鹃花科、报春花科和龙胆科，品种繁多，盛开时常在高山争奇斗艳。为什么高山植物的花特别美丽？科学家经过深入研究发现：高山上紫外线强烈，紫外线容易破坏花瓣细胞中的染色体，阻碍核苷酸的合成，对花本身有害。

然而长期的适应，使花瓣产生大量类胡萝卜素和花青素，这两种物质可以吸收紫外线，保护染色体。类胡萝卜素可使花瓣呈黄色，花青素则使花瓣呈现红色、蓝色和紫色。海拔越高的地方，紫外线越强，花瓣里面上述两种物质也越多，花瓣的颜色也就更丰富、更艳丽了。

还有堪称一绝的藏波罗花，属紫薇科。人们常以为高山太"苦"，植物开不出大花来，然而事实却相反。许多高山植物，如藏波罗花等就可以开出大而红艳的花朵，它的花朵就像是直接从土里钻出来的一样，花朵斜生，挨着地面，生长于西藏海拔达 5400 米的高山草甸上，在高山流石滩上也能见到。

⊠ 高山草甸

高山草甸指在寒冷的环境条件下，发育在高原和高山的一种草地类型。其植被组成主要是中生的多年生草本植物，常伴生中生的多年生杂类草。植物种类繁多，莎草科、禾本科以及杂类草都很丰富。群落结构简单，层次不明显，生长密集，植株低矮，有时形成平坦的植毡。草类如蒿草、羊茅、发草、剪股颖、珠芽蓼、马先蒿、堇菜、毛茛、黄芪、问荆等，小灌木如柳丛、仙女木、乌饭树等，下层常有密实的藓类，形成植被的茎层。

高寒草甸主要分布在青藏高原的东北部以及四川北部，在西北和西南部亦有分布。高山草甸草层低，草质良好，为良好的夏季牧场，适于牛、羊等畜群放牧。

生长在没有天气预报的高山冻原上的植物 ＞

长白山火山锥体上部1900米以上的部分，是长白山的高山冻原，山势十分陡峭，气候非常寒冷，年平均气温只有-7.3℃，最热月7月的平均气温为8.6℃，1月的平均气温为-23.2℃。高山冻原的降水量极大，是周围同纬度地区降水量的两倍左右。高山冻原的风也很大，每年七成以上的日子里都在刮着八级以上的大风。高山冻原的气候变化多端，风和日丽、狂风大作、乌云滚滚和大雨滂沱的转变都在瞬息之间。这也正是在全国众多旅游景点中，唯有长白山没有天气预报的重要原因。长白山的高山冻原的土壤主要为火山灰、火山砂砾、浮岩、苔原土等。

恶劣的气候、强烈的紫外线照射，贫瘠的土壤，使得这里的植被非常稀疏，特别是在海拔2500米以上的地方，植被的盖度还不到10%。这里的植物多呈块状、簇状零星地分布着。白山嵩

粟、极北米努草、长白虎耳草等的植物群落仅在6—8月份时才呈现明显的绿色，其中绝大多数植物生活在苔原土上和岩石缝中，部分种类生活在海拔2200米以下地势平缓、有机质丰富的小溪两岸。这里的植物多是多年生草本和矮小的灌木。乔木仅分布在海拔2200米以下并呈低矮的灌木状，生长极其缓慢。但是即使是这样稀疏的植被覆盖，也拥有诸多的种类，从而形成了一个独特的高山冻原生态系统。高山冻原生态系统是高山特有的生态系统，是长白山植物垂直分布的最高地带。

长白山高山冻原植物中绝大部分是北极和东西伯利亚地区的寒带植物，由于受第三纪和第四纪冰川的影响，一路南下迁移到了长白山冻原带上，冰川过后便长期定居在了这里，成为了当地的土著植物；还有一些植物是北温带山地喜冷凉气候的种类；有的是在长白山特殊环境中演变出的特有种或变种。

每年的6～9月，正是高山冻原最美的季节，一泓清水的天池就像一位有着高洁品格的美女，又像一块镶嵌在冻原之间的碧玉，方圆100平方千米的苔原仿佛成了一个硕大无朋的高山花园。从海拔1900米到2500米，各种鲜花从低处到高处依次开放。在这短短的3个月时间内，高山冻原就像一个旋转舞台，各种花儿依次出场，把俊秀的脸和灿烂的笑呈现给美丽的大自然和远方的游客。由于受强烈高山紫外线的照射，植物体内的基因发生了突变和重组，许多种植物的花瓣硕大而又美丽。一株株高山乌头亭亭玉立，一丛丛聚花风铃草随风摇曳，高山瞿麦体态轻盈，小山菊飘逸潇洒，还有蓝紫色的长白棘豆、白山龙胆、长白乌头，粉红色的高山石竹、轮叶马先蒿、高山糙苏，金黄色的金露梅、宽叶山柳菊、互叶金腰，白色的长毛银莲花、长白米努草、洼瓣花……各种颜色各种形状的花儿交织在一起，犹如一幅巨幅油画。

高山冻原植物的果实类型以干果为主。这些果实大多数小而轻，有的还有长的毛或绒毛，如宽叶仙女木、高山铁线莲、长白蜂斗菜等，这种结构十分有利于种子的传播。细小的种子或果实能穿过石砾间隙，直接和土壤接触，便于种子的萌发，这是对高山冻原环境的一种良好适应。这里的果实有些是可以食

用的。

为了在长白山高山冻原上生活，抵抗这里的严寒和大风，植物们在长期发展过程中形成了与冻原气候相适应的生理、生态特征。为了抵御严寒，白山罂粟、肾叶高山蓼、扭果葶苈、斑点虎耳草、白山龙胆、长白旱麦瓶草、假雪委陵菜、高山石竹等植株上长满了绵毛、绢毛和绒毛，并且通过形成浓密的株丛来减少热量的散失；为了能够保持种群的延续，保证在两个月的时间内快速地完成植物的生长、发育和繁衍，它们常利用宿存叶和其他宿存凋落物对新组织进行保护；有的种类则独辟蹊径，如珠芽蓼，它在花序的中下部生出了一枚枚小珠芽，成熟的珠芽伴随着一阵狂风呼啸过后，便远离亲人繁衍他乡。整个过

程好像胎儿从母亲身体分娩下来一样，成为名副其实的胎生植物了。

高山冻原的土质十分贫瘠，土壤主要为石质山地苔原土，有机质非常匮乏。为了有利于固着和吸收石砾层下水分及营养物质，大约三分之二的植物都具有发达的根部。有的植物地下部分的生长量甚至超过地上部分生长量的10多倍。发达的根系可以穿过石隙较深的土壤以汲取更多的养料。而在砾石不完全固定流石滩上，这种结构还可帮助减少山体滑坡，保证植物在不良条件下能存活较长的时间。倒根蓼是最令人称奇的植物，它的地下根茎为了吸收营养拼命地向下生长，当接触到没有有机质的火山灰时，根茎又重新返回地面，使整个根茎呈钩状弯曲，成为长白山的一大奇观——根能倒生的植物。

安第斯山脉的动植物 >

在安第斯山脉，动植物的生存能力大部分取决于海拔高度，植物群落的生存也由气候、湿润的程度和土壤等条件决定，而动物则依赖丰足的食物来源才能生存。永久雪线是动植物生存的上限。有些植物和动物可以在任何海拔高度上生存，而有些动植物则只能生活在某一高度。

高海拔处的低气压或许对植物不那么重要，但海拔高度却造成了一些气候变化，如气温、风、辐射和干旱，这些决定了安第斯山脉不同地区的植物生长。一般说来，安第斯山脉可被划分成几个高度带，每个高度带都有其典型的主要植被和动物，但纬度也造成了南部和北部的不同。

大约在南纬35°的一个地带把安第斯山脉划分成两个截然不同的部分。往南，在巴塔哥尼亚安第斯山脉，植物属南方系统而不是安第斯的。中纬度的大雨林中有南洋杉属的针叶树和栎，还有科因格树、柏和落叶松。往北的情况则与此不同。西科迪勒拉山的南部特别干旱，在秘鲁中部和北部稍微潮湿一点

（有湿气和少量降雨），而在厄瓜多尔和哥伦比亚则有大量或中等降雨量，气候相当潮湿。植被也随气候而异：南部植被稀少，类似荒漠，但在较高海拔处有干草原。动物有小型南美鹿、美洲狮、兔鼠、豚鼠、毛丝鼠、骆驼、小鼠和蜥蜴；鸟类有神鹰、山鹑和蹼鸡等。农业潜力很差。在东科迪勒拉山东侧，从玻利维亚向北有繁茂的植被，大部分为热带森林，丛林动物丰富。

　　在高原上，生物又与高度密切相关。热带棕榈和终年积雪在几英里（1英里≈1609米）之内可同时出现，但高度却可从480米的深峡至6000米以上的高峰和山脊不等。在2400米以下，植被反映了干燥的热带和亚热带气候类型。农业相当重要：哥伦比亚重要的咖啡工业大都坐落在这带温暖山谷中。2500米～3500米之间是安第斯山脉人口最稠密的地带，一些大城市都位于这里，这里也是农业的主要所在。温差从山谷里的温暖到平原、稀树草原和山坡上的适中温度（可低至10℃）不等，有季节性降雨和来自河流的水。此地带也适合畜牧和饲养家禽。

阿尔卑斯山的动植物 >

阿尔卑斯山脉地处温带和亚热带纬度之间，成为中欧温带大陆性湿润气候和南欧亚热带夏干气候的分界线。同时它本身具有山地垂直气候特征。阿尔卑斯山脉的植被呈明显的垂直变化。自下而上按高度可分成四个气候带：山脉南坡800米以下为亚热带常绿硬叶林带；800米～1800米之间为森林带，这一气候带下部是混交林，上部是针叶林；森林带以上为高山草甸带，再上则多为裸露的岩石和终年积雪的山峰。

阿尔卑斯山脉中几个不同植物带，反映了其海拔和气候的差异。在谷底和低矮山坡上生长着各种落叶树木，其中有椴树、栎树、山毛榉、白杨、榆、栗、花楸、白桦、挪威枫等。海拔较高处的树林中，最多的是针叶树，主要的品种为云杉、落叶松及其他各种松树。在西阿尔卑斯山脉的多数地方，云杉占优势的树林最高可达海拔2195米。落叶松具有较好的御寒、抗旱和抵抗大风的能力，生长在海拔高至2500米处，在海拔较低处有云杉混杂其间。在永久雪线以下和林木线以上约914米宽的地带是

冰川作用侵蚀过的地区，这里覆盖着茂盛的草地，在短暂的盛夏期间可放牧牛羊。这些与众不同的草地被称为高山盛夏牧场，都位于主要的、横向的山谷上方。在沿海阿尔卑斯山脉南麓和意大利阿尔卑斯山脉南部以地中海植物为主，有海岸松、棕榈和龙舌兰，仙人果也不少，此外还有稀疏的林地。

阿尔卑斯山上也生活着一些动物。动作异常敏捷的高地山羊已被列入保护动物的行列；旱獭在地下通道中越冬，山兔在冬季时会变成白色，保护自己不受天敌的追捕。

乞力马扎罗山的自然资源 >

尽管乞力马扎罗山峰顶部终年为冰雪覆盖，但在海拔2000米以上、5000米以下的山腰部分仍生长着茂密的森林。这里树木高大，种类繁多，其中不少是非洲乃至世界上的名贵品种，如一种名叫木布雷的树，生长期极长，木质坚硬，抗腐力强，是做家具或者盖房的上等材料。

2000米以下的山腰部分，气候温暖，雨水充沛。在肥沃的火山上灰土壤上，生长着咖啡、花生、茶叶、香蕉等经济作物。山脚部分，气候炎热，即使在树荫下，气温也常在30℃以上，到处是一片深颜重彩的非洲热带风光。山麓四周的莽原上，非洲象、斑马、驼鸟、长颈鹿、犀牛等热带野生动物以及稀有的疣猴和蓝猴、阿拉伯羚、大角斑羚等在这里自由自在地生活着。这里也生长着茂盛的热带作物，除甘蔗、香蕉、可可外，最多的是用来纳布制绳的剑麻，铺天盖地，一望无涯。

多少年来，乞力马扎罗山因火山运动形成的黑色沃土，滋润着东非千里原野，哺育着勤劳的人民，产生了灿烂的文化。据考古学家证明，早在公元3世纪，这里便是内陆与沿海进行商贸活动的中心。乞力马扎罗山地区已经于1968年辟为国家公园，生长着热、温、寒三带野生植物，栖息着热、温、寒三带野生动物。这一奇特的自然景观，是人类不可多得的珍贵自然遗产，联合国教育、科学及文化组织已将它列入《世界遗产名录》。

● 高山文化

很久以前，祖先中一些不安分的人群，走出丛林和洞穴，沿着江河流淌的方向走出崇山峻岭，在宽谷平原上建立起村落。从此，人类的历史开始用稻田和节令书写。然而，群山没有走，森林没有走，高原没有走，江河的源头没有走，留守家园的羚羊、猎豹没有走，传承祖先创世诗篇的人群也没有走。

仍然生活在大山中的土著人 〉

人类早期的文明样式依然存在着并且鲜活着。在现在的澳大利亚北部，依然生活着山地原住民，依然留有原住民聚居的区域。你能够发现那里的原住民基本上还是靠采集和渔猎为生，几乎和部落祖先的生活完全一样。虽然说他们的文明在几千年的时间里发展很缓慢，但是这种古老的文明体系中有很多我们当代社会已经遗失的东西。比如：人类先天的生存技巧、人与自然契约式的关系、部落内部合理的分工和极具人性化的公平分配等……

⊠ 门迪土著保持原有习俗

　　新几内亚也许是在这个世界上土著人可以保持其传统生活方式的最后几个家园之一。岛上山峦起伏，峡谷幽深，这种独特的地理条件使现代世界仅存在于沿海地区，在大山面前止步。土著人的生活习俗因而得以原封不动地保存下来。南部山区门迪某部落的寡妇在丈夫死后要戴孝 90 天。在服丧期内，她们往头上和身上涂抹灰白色泥土，在脖子上悬挂约 30 千克重的贝壳。由于身体承受着巨大的重量，她们的腰弯不下来，只好借助竹管饮水。

☒ 爱美的穆尔西女人

穆尔西人居住在埃塞俄比亚南部的奥莫山谷，他们是世界上最引人注目的原始部落之一，因为穆尔西妇女用土盘子来妆饰自己。这种习俗与亚马孙地区的卡亚波印第安人相似，她们把一个烤干的土盘子（或者是木盘子）挂在嘴唇上。在青少年时期就把盘子塞进嘴里，嘴唇随之裂开，长大以后，就可以换上更大的盘子。嘴唇戴盘子不仅是为了美丽，而且是财富的象征，谁的盘子越大，她的嫁妆也就越多。

☒ 矮小·的阿格塔人

阿格塔人居住在菲律宾吕宋岛的海边和马德雷山上，属于矮小黑色人种。阿格塔人身材矮小，具有黑人特征。他们靠捕猎动物为生，食物还包括鱼、蜂蜜和水果。营养不良和疾病使他们的人口下降，虽然他们是草药专家，但是近几十年来人口呈下降趋势。

安第斯山脉上的"印加帝国" >

雄伟壮观的安第斯山脉是南美洲开发最早的地区，中段山区保留着古代印加帝国的许多文化遗迹。居民主要为印欧混血种，其次为印第安人克丘亚族和艾马拉族。人类出现在安第斯山的时间较晚，已发现的人类最早的遗迹距今也只有1万～1.2万年，虽然在此之前就可能已有人居住。高山缺氧，要在这样的条件下生活，要求在生理上使躯体内的细胞产生深刻的适应性的变化。在安第斯山人类曾永久居留的最高高度为5000多米，暂时劳作的高度约为5639米～5791米。

从巴塔哥尼亚高原到玻利维亚的阿尔蒂普拉诺高原的南界，安第斯山人烟稀少。少数农民和牧羊人生活在较低的山坡上和科迪勒拉的低湿平原上。再往北从玻利维亚到哥伦比亚，安第斯山区内有上述国家最大的人口集中地和最重要的城市。在秘鲁和玻利维亚，生活在3048米以上的居民占很大的比例。

印加文明的传奇故事

安第斯山脉山势陡峻，海拔大部在 3000 米以上，不少高峰超过 6000 米。绵延的山岭，层峦叠嶂，气势磅礴，是一个神秘的地区。据考古材料证明，安第斯高原在历史上曾经历过一段较高的古代文明时期，并创造了独具特色的印加文明。

古老的文明伴着一个神奇的传说：在安第斯山上曾有过一个神秘的"小人国"。这个国家的人们虽然身材矮小，却健壮剽悍，凶猛好斗。他们能在丛林中攀缘树木，在崎岖山道上奔跑，比猿猴还敏捷，比飞鸟还迅速。他们的武器主要是木棍、石块、长矛和弓箭等。弓是用山羊角制成的，箭上涂有烈性毒液。他们具有高超的射击本领，擅长在奔跑中射箭，而且百发百中。他们常常背着成筐的毒箭，藏在山坡的草丛、石隙、洞口、树上，出其不意地袭击其他部落的人和牲畜。最奇特而神秘的缩头术只有他们本部落的成年男人才知道，绝不向外人泄露机密。因此，缩头术成了他们独有的绝技，外人全然不知。"小人国"与邻近的阿拉巴霍族人长期浴血奋战。他们越战越猛，很少死亡，而阿拉巴霍族人却被他们杀死了大半。可是，人算不如天算，在他们居住区域突然发生的一次火山爆发

彻底摧毁了整个"小人国"。"小人国"在地球上消失了，他们的缩头术也就失传了。

以上所言虽是传说，却是有实物为证的，在秘鲁国立人类学和考古学博物馆的库房里，至今仍保存着几个被缩小的人头标本，确实只有拳头般大小，其中一个留着八字胡须、秃头、满脸怒气，十分生动。

昆仑文明 >

昆仑山在历史上曾是一座名山。中国古老的地理著作《山海经》《禹贡》和《水经注》都不止一次提到它，其中大多记述都带有神话色彩。如说它是"天帝下都""方八百里，高万仞"。又因说这里有西王母的瑶池，到处长着结有珍珠和美玉的仙树。还有的书说它是黄河的发源地，黄河是中国历史文化的摇篮，因此昆仑山在古人的心目中一向被视为了不起的大山。起初人们并不知道它的确切位置，后来通过与西域交往，在新疆于田一带发现了玉石，皇帝根据古代的图书，错误地认为黄河发源于美玉产地昆仑山北麓，于是便把河源所出的山叫作昆仑山。

古人尊昆仑山为"万山之宗""龙脉之祖""龙山"，因而编织出了许多美丽动人的神话传说。妇孺皆知的"嫦娥奔月"、《西游记》《白蛇传》等都与昆仑山有关，是中华民族神话传说的摇篮。

相传昆仑山的仙主是西王母，在众多古书中记载的"瑶池"，便是昆仑河源头的黑海，这里海拔4300米，湖水清莹，鸟禽成群，野生动物出没，气象万千。在昆仑河中穿过的野牛沟，有珍贵的野牛沟岩画。距黑海不远处是传说中的姜太公修炼五行大道四十载之地。

玉虚峰、玉珠峰经年银装素裹，山间云雾缭绕，形成闻名遐迩的"昆仑六月雪"奇观。奇峰亭亭玉立，传说是玉帝两个妹妹的化身。位于昆仑河北岸的昆仑泉，是昆仑山中最大的不冻泉，水量大而稳定，传说是西王母用来酿制琼浆玉液的泉水。

昆仑山在中华民族文化史上有"万山之祖"的显赫地位，是明末道教混元派（昆仑派）道场所在地，是中国第一神山。玉珠峰、玉虚峰均为青海省对外开放的山峰，是朝圣和修炼的圣地，1990年推出昆仑山道教寻祖旅游线路。1992年以来，来自世界各地登昆仑、寻根问祖、顶礼膜拜的炎黄子孙组成的寻根团多达上百个，有的台湾同胞连年在昆仑修炼，每年达数月之久，后又带家人进山朝拜，十分虔诚。

阿特拉斯山脉的居民 ＞

阿特拉斯山上住的是柏柏尔人，他们保留着自己的语言、传统和信仰，与此同时也接受一定程度的伊斯兰教。

柏柏尔社会所关心的就是维护他们自己的特性，在选择住处这件事上就是证明。设了要塞的村庄一般都栖息在高高的山巅。这种村庄规模虽小却包括有住屋、清真寺、打谷场和长老议院集会处，议院管理着每一个社区的事务。各个家庭分开住在四合院四周的房间中。

摩洛哥大阿特拉斯的什路人住在深入丛山的河谷中。他们的村庄常设在海拔2000米以上的地方，每个村庄有居民数百人，住的是排立房屋，每间房屋都紧挨着另一间房屋，常以设堡垒的公共打谷场占首要地位，或在有权势家族的打谷场兼

住屋四周。附近的山坡被分成牧场和农场。灌溉土地用水是从干河道引水而来的，这种土地一年可有两熟收成：冬天种植谷类，夏天种植蔬菜。什路人使用牛粪作肥料。饲养的牲畜不断增加。森林出产的主要商品——软木，也带来可

观的收入。

摩洛哥的里夫和阿尔及利亚的卡比尔人在许多方面很相像。双方的柏柏尔部落住在同样的覆满栎树林的湿山坡上，同样都迷恋上不毛之地，同样都倾向于过着与世隔绝的生活。同大、中阿特拉斯山脉的柏柏尔人的生活方式不同的是，牲畜饲养在他们的生活中只居次要位置；他们种植一些甜高粱作为饲料，妇女则在她们宅旁的小园里种植蔬菜。他们的主要收入来源是他们所住的山坡上的无花果树和橄榄树。卡比尔人还是熟练的手艺人，木、银、羊毛都会加工。过去他们还是小贩，将地毯和珠宝出售给平原上的人。

奥雷斯山脉独自坐落在阿尔及利亚东北部，这里或许是马格里布最不发达的山区。居民沙维亚人过的是半游牧生活，部分农业，部分游牧。他们住在阶地石村庄内，村庄的房子成排状，一排高于另一排，全部都以有防御工事的粮仓为核心。冬季来时，高地山谷的居民就带着他们的羊群到山丘周围的低地上来，他们在这里或扎营或住在山洞里。夏季时他们又回到高地上，灌溉土地以便种植高粱和蔬菜，并保养好杏和苹果果园，牧羊人则带着羊群到山顶牧场去。

尽管生活条件不安定，阿特拉斯山区还是住满了人——在某些地方甚至还过分拥挤。例如在大卡比利亚的提济乌祖四周地区，人口密度就达每平方千米270人。

八百里秦川 〉

　　秦岭拥有得天独厚的生物资源，原因究竟在哪里呢？这要从秦岭独特的地理位置和鲜明的特点说起。在中国版图正中央，秦岭是自此向东最高的一座山脉，也是唯一呈东西走向的山脉。在地理学家眼里，秦岭是南方和北方的分界线，长江黄河的分水岭；在动物学家眼里，秦岭将动物区系划分为古北界和东洋界，两类截然不同的动物在这里交会、融合；在气候学家眼里，秦岭是北亚热带和暖温带的过渡地带；在文学家眼里，秦岭和黄河并称为中华民族的父亲山、母亲河，秦岭还被尊为华夏文明的龙脉……

　　秦岭南北的人文景观亦各具特色。北面的关中平原史称"八百里秦川"，自新石器时代就有人类在此农耕、定居，是中国有名的文物古迹荟萃之地。秦岭之南是沃野千里的"天府之国"——四川盆地，其间的邛崃山脉和成都平原又是蜀汉文明的发端之地。根据对广汉三星堆、成都金沙遗址的考古发现，

早在3000年以前的商周时代，蜀的先祖就掌握了非常先进的青铜冶炼、玉石加工工艺，是中国古代文明史上的一枝奇葩。南北向的深切河谷自古就是南北交通孔道，其中著名的有今宝（鸡）成（都）铁路经过的陈仓道、西安至宁陕的子午道、傍褒水和斜水的褒斜道，以及傥骆道、周洋道。在秦岭北坡及关中平原南缘现存众多的文物古迹及流传着丰富的历史故事，这里有秦始皇陵及许多帝王陵墓群、周代沣镐遗址、秦阿房宫遗址、楼观台、张良墓、蔡伦墓等古迹。位于西安市南40余千米的终南山自古风景秀丽，《诗经·秦风》有"终南何有，有条有梅"的诗句。唐代官绅在此建有别墅，其中以王维的辋川别墅最负盛名。王维所作的优美山水诗大多是描写此处景色。唐代诗人祖咏的《终南望余雪》有"终南阴岭秀，积雪浮云端。林表明霁色，城中增暮寒"的诗句。附近还有翠华山、南五台、骊山等秀丽山峰，山中分布有明清以来建造的太乙宫、老君庵等大小庙宇40余处，是关中游览避暑的良好场所。

在秦岭山脉西段有麦积山石窟，山体悬崖壁立，状若积麦。自后秦时期开始凿刻，至今保留有雕刻194窟，佛像7000余尊，壁画1300余平方米，是古代雕塑艺术的宝库。

秦岭北部是渭河，黄河最大的一级支流；南部是汉江，长江最大的一级支流。中国大地上最大也是最重要的两条河流上最大的一级支流，夹裹着这样一座奇特的山脉。更确切地说，是这座博大精深的山脉养育出两条具有非凡意义的河流。

因为有秦岭的气候屏障和水源滋养，才会有八百里秦川的风调雨顺，才会有周、秦、汉、唐的绝代风华。中华民族最引以为骄傲的古代文明，正是得益于这样一座朴实无华的山脉。

坦桑骄傲——乞力马扎罗山 >

乞力马扎罗山是坦桑尼亚人心中的骄傲，他们把自己看作草原之帆下的子民。据传，在很久很久以前，天神降临到这座高耸入云的高山，在高山之巅俯视和赐福他的子民们。盘踞在山中的妖魔鬼怪为了赶走天神，在山腹内部点起了一把大火，滚烫的熔岩随着熊熊烈火喷涌而出。妖魔的举动激怒了天神，他呼来了雷鸣闪电瓢泼大雨把大火扑灭，又召来了飞雪冰雹把冒着烟的山口填满，就形成了今天看到的这座赤道雪山——地球上一个独特的风景点。这个古老而美丽的故事世代在坦桑尼亚人民中传诵，给大山增添了一抹神话色彩。

1999年4月1日，该国一家报纸传出了一个惊人的消息，称"欧盟发达国家准备出巨资用沙石把乞力马扎罗山抬高几百米"。"喜讯"传来，许多坦桑人欢腾雀跃起来，心想：它会不会变成第二个珠穆朗玛峰？然而，第二天报纸把事情捅破，原来4月1日是"愚人节"，这个消息只不过是个玩笑。即使如此，仍有一些人坚信不移，因为他们明明看到20多个高鼻子蓝眼睛的外国人天天扛着仪器测量雪山！

还是在山脚下开小旅馆的巴拉克想得通："只要非洲别的山不再长高，乞力马扎罗还是非洲第一号，爬起来还像过去一样困难。不信你试试，爬上去我请啤酒喝，名牌货：'乞力马扎罗'！"乞力马扎罗山是坦桑尼亚人民的母亲山，世世代代用她的乳汁抚育了自己的儿女，给了他们无穷无尽的欢乐。

然而，19世纪德国殖民者首先侵入了这片美丽多娇的土地，扰乱了这里的平静和安宁。他们把早已被非洲人民命名的"乞力马扎罗"雪山说成是由他们"首先发现的"，并把他们的所谓"功绩"铭刻在石头上。这方记录着殖民主义罪恶的"功德"碑至今仍竖立在莫希一所老式洋房的大门前，现在已变成坦桑尼亚进行爱国主义教育的教科书。此后英国殖民者又占领了这块土地，伊丽莎白女王又在德国皇帝威廉生日时把乞力马扎罗山雪峰作为"寿礼"送出，演出了一幕充满殖民主义色彩的滑稽剧。其实，谁是赤道雪山的主人，原本是最明白不过的。

坦桑尼亚独立时，乞力马扎罗山的主峰改称为"乌呼鲁峰"，意为"自由峰"，象征着勤劳勇敢的非洲人民在争取民族独立、国家自由的斗争中所表现的不

屈不挠的坚强意志。1961年12月8日零时，坦桑尼亚举国上下欢庆独立，在首都达累斯萨拉姆的椰林广场上，一名军官从当时的国家总统尼雷尔手中接过火炬和国旗，顶着狂风，冒着严寒，登上乞力马扎罗山的顶端，点燃熊熊的火炬，插上崭新的国旗。就在这一时刻，达累斯萨拉姆举行的庆典仪式进入高潮。殖民统治的旗帜在黑暗中黯然下降，代表独立自由的国旗在欢呼声中徐徐上升。人们唱歌跳舞，庆祝自己的新生。

127

图书在版编目（CIP）数据

走入神秘莫测的山/魏星编著 . —北京：现代出
版社,2016.7

ISBN 978－7－5143－5214－6

Ⅰ.①走…　Ⅱ.①魏…　Ⅲ.①山－普及读物　Ⅳ.
①P931. 2－49

中国版本图书馆 CIP 数据核字（2016）第 160851 号

走入神秘莫测的山

作　　者	魏　星
责任编辑	王敬一
出版发行	现代出版社
地　　址	北京市安定门外安华里 504 号
邮政编码	100011
电　　话	（010）64267325
传　　真	（010）64245264
电子邮箱	xiandai@ cnpitc. com. cn
网　　址	www. 1980xd. com
印　　刷	汇昌印刷（天津）有限公司
开　　本	710×1000　1/16
印　　张	8
版　　次	2016 年 7 月第 1 版　2020 年 1 月第 3 次印刷
书　　号	ISBN 978－7－5143－5214－6
定　　价	29. 80 元